能力培养型生物学基础课系列实验教材

细胞生物学实验教程

（第三版）

安利国　邢维贤　主编

科学出版社
北京

内 容 简 介

本书从基础性实验、综合性实验和研究性实验三个层面上设置实验项目，突出综合能力和创新能力的培养。基础性实验包括细胞的观察技术、细胞化学、细胞的分离与活性检测、细胞增殖与细胞培养内容，共计20个实验，是细胞生物学中最基本、最代表本学科特点的实验方法和技术。综合性实验包括细胞融合、人微量外周血淋巴细胞培养及其染色体标本的制备、细胞转染、细胞增殖、细胞分化、细胞凋亡、小鼠胚胎干细胞的分离和培养、细胞信号转导8个实验，是多技术和多层次的综合性实验，实验难度较大。此外还提供了7个研究性实验题目供学生开展创新性实验时参考。

本书是高等院校细胞生物学实验教材，适用于综合性大学、师范院校、农林院校和医学院校生物科学、生物技术及其相关专业的学生使用，也可供其他专业人员参考。

图书在版编目(CIP)数据

细胞生物学实验教程 / 安利国，邢维贤主编. —3版. —北京：科学出版社，2015.6

能力培养型生物学基础课系列实验教材

ISBN 978-7-03-044640-4

Ⅰ. ①细… Ⅱ. ①安… ②邢… Ⅲ. ①细胞生物学—实验—高等学校—教材 Ⅳ. ①Q2-33

中国版本图书馆CIP数据核字(2015)第124613号

责任编辑：朱 灵

责任印制：黄晓鸣 / 封面设计：殷 靓

科学出版社出版

北京东黄城根北街16号

邮政编码：100717

http://www.sciencep.com

南京展望文化发展有限公司排版

广东虎彩云印刷有限公司印刷

科学出版社发行 各地新华书店经销

*

2004年9月第 一 版 开本：787×1092 1/16

2015年6月第 三 版 印张：6.5

2023年12月第十五次印刷 字数：126 000

定价：24.00元

能力培养型生物学基础课系列实验教材 第三版编委会

《细胞生物学实验教程》第三版编写人员

主　编： 安利国　邢维贤

副主编： 尹　苗　杨桂文

编　者：（以姓氏笔画为序）

王晓强　尹　苗　邢维贤　刘慧莲
闫华超　安利国　孙振兴　李玉玺
李学红　杨桂文　肖　军　张　明
张福淼　庞秋香　孟小倩　徐承水
黄　玲　崔龙波　康美玲　廉玉姬

第三版前言

细胞生物学是一门实验性学科，其诞生和发展是以实验仪器的发明和实验技术的改进为基础的。如果没有显微镜的发明，人们用肉眼不可能发现体积小于人眼分辨率10倍的微小细胞；如果没有各种细胞染色技术的产生，人们不可能观察到无色透明的细胞内的显微结构；如果没有电子显微镜的出现，人们不可能了解细胞内部的超微结构；如果没有显微操作技术的成熟，人们不可能制造出克隆动物。因此，细胞学实验在细胞生物学的教学中占有十分重要的位置，它不仅有助于学生对细胞学理论知识的学习和理解，同时对培养学生的细胞学研究与创新能力也至关重要。

以往的细胞学实验教学过分注重实验技术的训练，忽略了学生能力的培养。实验开设了不少，但是学生对基本的细胞学实验技术并不能真正把握，对所学的实验技术在科学研究中的用途更缺乏体会和理解。为了适应创新人才培养的需要，本书在实验内容的设置上作了大胆的尝试，从基础性实验、综合性实验和研究性实验三个层面设置实验项目，突出综合能力和创新能力的培养。基础性实验包括细胞的观察技术、细胞化学、细胞的分离与活性检测、细胞增殖、细胞培养5章内容，共计20个实验，是细胞学的最基本、最代表本学科特点的实验方法和技术。基础性实验强调基本技术的学习和基本技能的训练，应特别注意学生的实验规范和实验习惯的养成。综合性实验主要涉及细胞融合、人微量外周血淋巴细胞培养及其染色体标本的制备、细胞转染、细胞增殖、细胞分化、细胞凋亡、小鼠胚胎干细胞的分离和培养、细胞信号转导8个实验，它们都是在基础性实验基础上的多技术和多层次的综合实验，实验难度较大。综合性实验强调基本技术的综合运用，应特别注意学生综合能力的培养。研究性实验是在教师的指导下，学生自己设计题目，独立开展实验，重点培养学生的创新意识和创新能力。因此就不为同学们提供现成的实验研究方案，否则，就无创新可言。本书提供的7个研究性实验题目是以编者所在单位的教学与研究为基础、考虑到细胞学基本实验技术和学生科研能力的实际而提出的几个研究课题，局限性很大，只是想起到抛砖引玉、启发学生思维的作用，各校要根据自己的实际开拓新的价值更大的研究项目，每位学生也要展开想象的翅膀，大胆设想，广泛搜集资料，周密设计方案，独立开展研究。相信同学们一定会有所突破，有所创新，在细胞生物学实验研究中，获得创造与成功的喜悦，体验科学研究的艰辛。

由于作者水平所限，内容仍显冗杂，也可能仍存在谬误，敬请各校在使用时酌情选用，批评指正。编写过程中参阅了国内外同行的大量资料，得到了众多师长朋友的帮助，尤其是山东师范大学冯静仪教授曾经为本书中的不少基础实验的开设和改进做了大量的工作，值本书再版之际，深表谢忱。

编者

2015 年 3 月

目　录

第二部分 综合性实验

第三部分 研究性实验

第一部分

基础性实验

第一章　细胞(形态与结构)的观察技术

细胞是生命活动的基本单位,由于细胞的体积很小,绝大多数细胞的直径小于人肉眼的最大分辨能力,因此想要看清细胞的形态结构,就必须借助于各种观察工具。光学显微镜的发明导致了细胞的发现,促使了细胞生物学的发展,至今光学显微镜仍然是细胞生物学研究中最基本和最常用的仪器。随着现代科学技术的发展,人们对于细胞世界的观察愿望在逐步提升,在普通光学显微镜的基础上,进一步发展了荧光显微镜、倒置显微镜、相差显微镜等多种有特殊功能的显微镜,使显微镜的性能更加完善,使用范围越来越广泛。由于受入射光波长的限制,光学显微镜的分辨率较低,不能观察细胞内部的细微结构。电子显微镜是以波长更短的电子束作为光源,分辨率得到了极大提高。它的发明使人们可以观察到各种细胞器的超微结构。而随着扫描隧道显微镜、激光共聚焦显微镜等一系列新型显微镜的问世,使人们对于微观世界的认识提高到了一个崭新的水平。

实验1　普通光学显微镜的结构及细胞基本形态的观察

【目的要求】

1. 了解普通光学显微镜的工作原理,掌握光学显微镜的使用方法。
2. 熟悉光镜下细胞的基本形态与结构。

【实验原理】

复式显微镜是由位于同一光轴的两个正透镜——物镜和目镜组成的最普通的一种显微镜,光学系统是决定其性能的主要部件。

1. 光学系统的工作原理

显微镜的光学系统由物镜、目镜、聚光器、光源等部件组成,包括两条光路:成像光路和照明光路。

(1) 显微镜的放大原理:显微镜是根据透镜成像的原理,对微小物体进行放大(图1-1)。当被检物体 AB 放在物镜前方的 1～2 倍焦距之间,光线通过物镜在镜筒中形成一个倒立的放大实像 A_1B_1,这个实像恰好位于目镜的焦平面之内,通过目镜后形成一个放大的倒立虚像 A_2B_2。通过调焦装置使 A_2B_2 落在人眼睛的明视距离(250 mm)处,使眼睛所看到的物体最清晰。即倒立虚像 A_2B_2 是在眼球晶状体的两倍焦距之外,通过眼球后,在视网膜形成一个正立实像 A_3B_3,被放大的倒立虚像 A_2B_2 与视网膜上正立实像 A_3B_3 是相吻合的。

(2) 显微镜的照明原理:显微镜的照明光路根据设计不同,有两种类型的照明方式:一种简单的照明方式称为临界照明(critical illumination),即在光源和物体之间设有一个简单的聚光器,调节这个聚光器的位置可使光源灯丝的像聚焦并且叠加在标本平面上,所

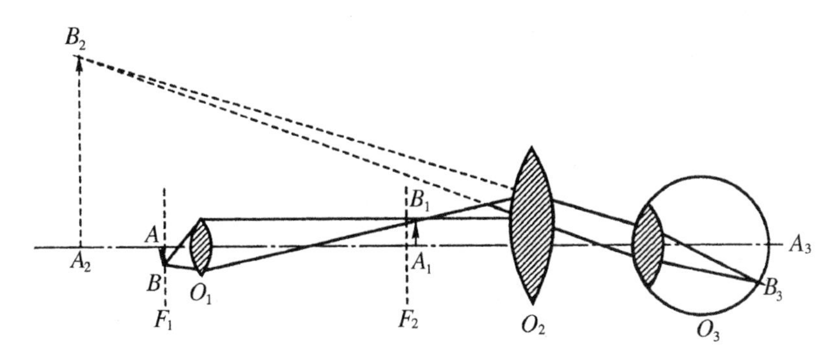

图 1-1 光学显微镜的放大原理和光路图(引自汪德耀,1981)

O_1物镜;O_2目镜;O_3眼球;F_1物镜的前焦点;F_2 目镜的前焦点

以标本照明不均匀;另一种为科勒照明(Köhler illumination)系统,在照明光路中除有聚光器外,还在放置光源的灯室内设有集光器(图 1-2)。经过科勒照明光路后,光源灯丝的像就不再叠加在标本平面上,而是在标本平面上呈现一个照明区,这个照明区实际上是视场光阑经聚光器后在标本平面上的成像。所以,通过调节聚光器的位置,可使照明区的边界聚焦清楚;通过调节视场光阑的大小,可改变照明区的大小;通过调节聚光器上的调中螺旋,可调节照明区的位置。

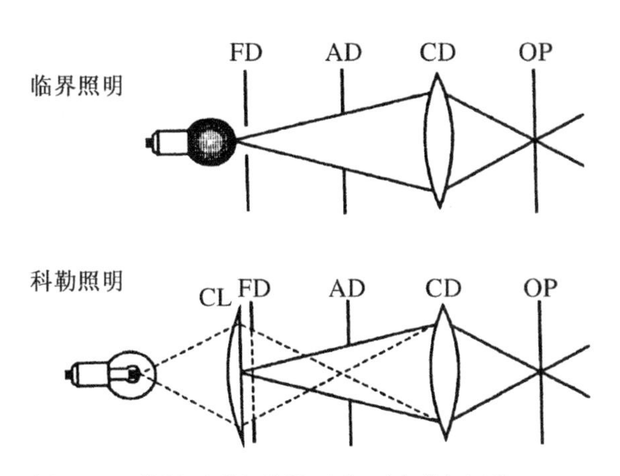

图 1-2 临界照明和科勒照明(引自林加涵等,2000)

CL 集光器;FD 视场光阑;AD 孔径光阑;CD 聚光器;OP 载物台

科勒照明比临界照明优越之处表现在:其一是照明均匀,因为在标本平面上成像的是视场光阑而不是灯丝;其二是通过调节视场光阑的大小和位置可以控制标本平面上照明区的大小和位置。当只需要观察或测量标本的一部分时,通过缩小视场光阑,就可以减少照明区域,使标本的其他部分不受热,并且减少了杂散光的干扰。所以这种照明方式已普遍用于显微镜,成为显微观察、显微摄影、相差显微镜等必不可少的一环。

2. 光学显微镜的主要性能参数

显微镜的主要性能参数包括分辨率、放大率、清晰度、焦点深度等。

(1) 分辨率:分辨率(resolving power)也称分辨力,是指在 25 cm 的明视距离处能区分开被检物体上两个相近质点间的最小距离。分辨率是评价各种显微镜识别微观物像能力的重要指标。分辨率越小，说明显微镜的分辨能力越高。显微镜的分辨率和物镜的数值孔径（numerical aperture，*N. A.*，也称镜口率）、照明光线的波长有直接关系，计算公式为：

$$R=\frac{0.61\lambda}{N.A.}=\frac{0.61\lambda}{n\cdot\sin(\alpha/2)}$$

上式中R为分辨率，λ为照明光线波长，*N. A.*为物镜的数值孔径，n为介质的折射率，α为镜口角。镜口角是指位于物镜光轴上的物点发出的光线延伸到物镜前透镜有效直径的两端所形成的夹角（图1-3）。镜口角越大，进入物镜的光线越多，理论上$\sin(\alpha/2)$的最大值为1。

目前在实用范围内物镜的最大数值孔径为1.4，而可见光最短的波长为0.4 μm，代入公式则：

$$R=0.61\times0.4/1.4=0.17$$

由此可知，光学显微镜最大的分辨率约为0.2 μm，差不多等于可见光最短波长的一半。

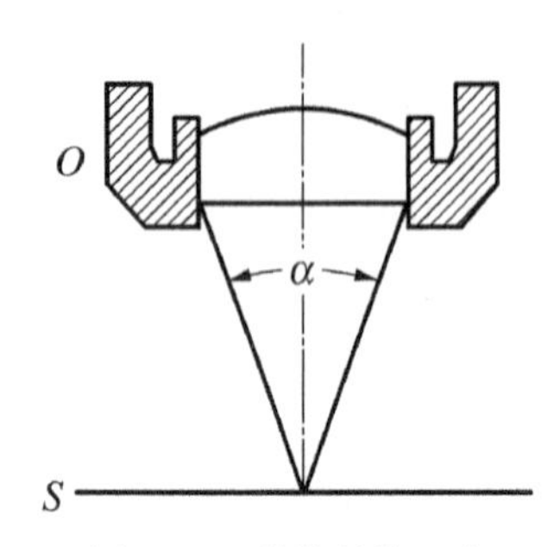

图1-3 物镜的镜口角
O 物镜；S 标本；α 镜口角

从上式可知，要增加分辨能力（即减小分辨率）有两个办法：一是增大数值孔径，二是缩短照明光波长。由于数值孔径受介质折射率和透镜镜口角的限制，它的数值是有一定限度的，只有缩短光源的波长，才是最有效的办法。

（2）*放大率与有效放大倍数*：放大率也称放大倍数。显微镜的总放大倍数等于目镜和物镜放大倍数的乘积。公式如下：

$$M=Mob\times Moc=\frac{\Delta}{f_1}\times\frac{250}{f_2}$$

式中：M——总放大倍数　　Mob——物镜放大倍数

Moc——目镜放大倍数　　Δ——光学筒长（单位：mm）

f_1——物镜焦距（单位：mm）　　250——明视距离（单位：mm）

f_2——目镜焦距（单位：mm）

由公式可知，物镜的放大率是对一定镜筒长度而言的，镜筒长度的变化，不仅导致放大率变化，而且成像质量也受到影响，因此，显微镜的镜筒长度是一定的。标准机械筒长是从镜筒的目镜管上缘至物镜螺旋肩的距离，以mm表示。显微镜生产厂家将标准机械筒长标刻在物镜的外壳上，现在主要有两种标准，即160 mm和170 mm。标准光学筒长是指目镜的前焦点与物镜的后焦点之间的距离。一般光学筒长略大于机械筒长。

一般情况下，放大率是所用物镜数值孔径的500～1 000倍，在此范围内称为有效放大倍数。如果这个乘积低于上述范围，则因放大率过低，难以观察到标本的细节；如果高于上述范围，为空放大，同样不能观察到更多的细节。

（3）*清晰度*：清晰度是指显微镜形成轮廓明显物像的能力。影响物像清晰度的主要因素是物镜。由于照明光的光谱成分不同会造成色差以及透镜本身所造成的球面像差，所以像差总是难免的。同一光学系统中，放大倍数越高，像差就越大。要提高物像的清晰度，必须使用高数值孔径的物镜，并匹配低倍的目镜，而不应单纯增加目镜的放大倍数。

同时物镜对盖玻片的厚度是有一定要求的，国际上统一规定标准盖玻片的厚度为0.17 mm，通常这一数字也标刻在物镜的外壳上。

(4) 焦点深度：当显微镜对标本的某一点或平面聚焦时，焦点平面上下物像清晰的距离或深度就是焦点深度。公式如下：

$$T=\frac{K\cdot n}{M\cdot NA}$$

式中：T——焦点深度　　K——常数，约等于0.24

M——显微镜的总放大倍数　　n——被检物体周围介质的折射率

NA——物镜的数值孔径

从上式可知，焦点深度与总放大率和镜口率成反比，因此，高放大率和高镜口率的显微镜其焦深就浅，不能看到标本的全厚度，必须调节螺旋仔细地从上到下进行观察。

【实验用品】

人血涂片、蚕豆根尖切片、洋葱根尖切片、兔肝切片、鼠肝切片、口腔上皮装片、马蛔虫受精卵装片、肌肉切片等。

【方法与步骤】

1. 光学显微镜的构造

光学显微镜主要由机械系统和光学系统构成。

(1) 机械系统

1) 镜筒　镜筒是安装在光镜最上方或镜臂前方的圆筒状结构，其上端装有目镜，下端与物镜转换器相连(图1-4)。根据镜筒的数目，光镜可分为单筒式、双筒式、三筒式、四筒式等多种，最常使用的是双筒显微镜。

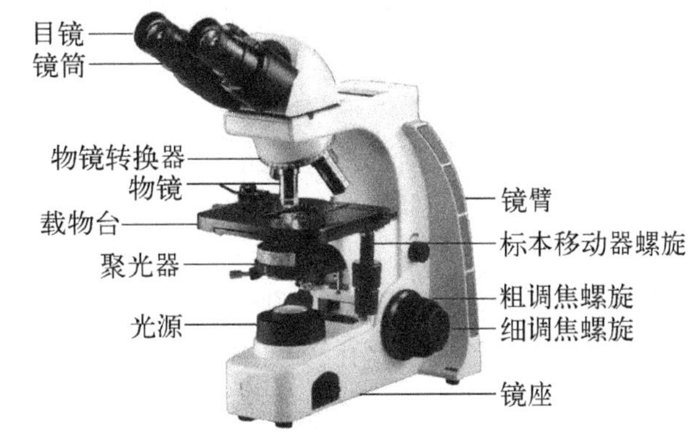

图1-4　光学显微镜主要结构示意图

2) 物镜转换器　物镜转换器又称旋转盘，是安装在镜筒下方的一圆盘状结构，可以按顺时针或逆时针方向旋转，其上均匀分布有3～4个圆孔，用以装载不同放大倍数的物镜。转动旋转盘可使不同物镜达到工作位置(即与光路合轴)，使用时注意凭手感使所需物镜准确到位。

3) 镜臂　镜臂是支持镜筒和镜台的弯曲状结构，是取用显微镜时握持的部位。

4) 调焦螺旋　调焦螺旋是调节焦距的装置，分为粗调螺旋(大螺旋)和细调螺旋(小螺旋)。粗调螺旋可使载物台以较快速度或较大幅度升降，适于低倍镜观察时的调焦。细调螺旋只能使载物台缓慢或较小幅度地升降，升或降的幅度不易被肉眼观察到，适用于高倍镜和油镜的聚焦或焦距的精细调节，也常用于观察标本的不同层次，一般在粗调螺旋调焦的基础上使用。

5) 载物台　载物台也称镜台，是位于物镜转换器下方的方形平台，用于放置被观察的玻片标本。载物台的中央有圆形的通光孔，来自下方的光线经此孔折射到标本上。

在载物台上装有标本移动器,也称推片器,其上安装的弹簧夹用于固定玻片标本,旋动推片器上的两个螺旋可使玻片标本前后左右移动,便于寻找观察目标。

6）镜座　镜座位于最底部,是整台显微镜的基座,用于支持和稳定镜体。有的显微镜在镜座内装有照明光源。

(2) 光学系统

1）物镜　物镜安装在物镜转换器上。每台光镜一般有 3～4 个不同放大倍数的物镜,每个物镜由数片凸透镜组成,是决定显微镜光学性能的主要部件。根据放大倍数可分为低倍镜、高倍镜和油镜等三种,常用的低倍镜有"4×"和"10×",高倍镜有"40×"或"45×",油镜为"100×"。

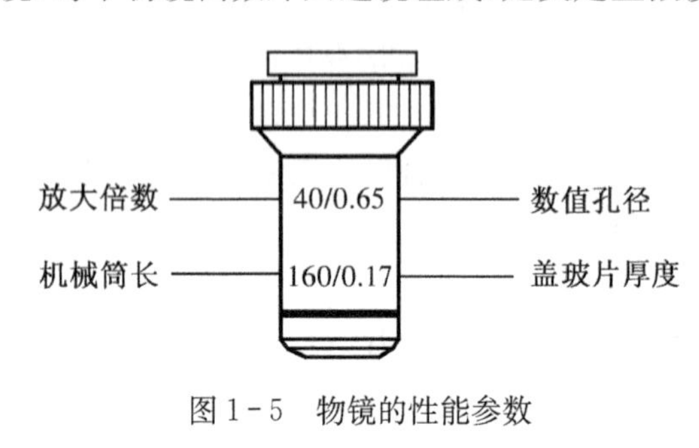

图 1－5　物镜的性能参数

物镜的金属外壳上标刻有多种数字和符号,分别代表物镜的光学性能、规格、类别和使用条件等。其中最主要的参数有放大倍数、数值孔径、机械筒长和盖玻片厚度等(图 1－5)。

2）目镜　目镜也称接目镜,安装在镜筒的上端,其作用是将物镜所放大的中间像进一步放大,还可以校正中间像中的残余像差。每个目镜由两个透镜(即接目透镜和会聚透镜)组成,在上、下两个透镜之间设有能决定视野大小的金属制光阑,此光阑的位置就是物镜所放大实像的位置。可在光阑上安装目镜测微尺或指针,以便于观察。一般目镜的放大倍数有 5×、10×、15×三种,可与物镜搭配使用。

3）聚光器　聚光器位于载物台通光孔的下方,由聚光镜和孔径光阑构成,其主要功能是将光线会聚放大,射向被检样品,进入物镜。聚光镜由 2～3 个透镜组合而成,其作用相当于一个凸透镜,可将光线汇集成束。在聚光器的下方,有一调节螺旋,可调节聚光器的升降。

孔径光阑也称光圈或彩虹光阑,位于聚光器的下端,其孔径可变,能控制进入聚光镜的光束大小,调节进光量。孔径光阑的开度对显微镜的成像质量有很大影响。

4）光源　光源可以是自然光源,也可以是电光源。利用自然光源,只需要反光镜即可。电光源常见的多为溴钨灯,灯泡的体积很小,钨丝似点状,灯壳为石英玻璃。一般为 12 V,功率 50～100 W,色光为连续光谱,色温一般在 3 200～3 400 K 之间。

2. 显微镜的使用

(1) 聚光器的调节:使用显微镜时,首先要进行光路合轴调整,将照明光束与显微镜的光轴调整到同一轴线上,使光源均匀地照明视场。

转动聚光器的升降旋钮,把聚光器升至最高位置。再打开电源灯开关,将标本放置在载物台上,用低倍镜聚焦。缩小视场光阑,在视场中可见边缘模糊的视场光阑图像,此时稍微降低聚光器,到视场光阑的图像清晰聚焦为止。旋转聚光器上的两个调中螺杆,将视场光阑图像调至视场中心;打开视场光阑,使图像周边与视场边缘相接。反复缩放视场光阑,确认光阑与视场完全重合即可。

(2) 光阑的调节:显微镜有两种光阑,即孔径光阑和视场光阑,两者都是可变光阑。孔径光阑通过光阑的缩放,限定聚光器的孔径大小;视场光阑控制照明束,限定视场大小。

正确调节光阑，能够提高物像质量。

1）孔径光阑的调节　视场内的物像，其最大特点是反差小、焦点深度浅，但可以随着孔径光阑的缩小而提高。孔径光阑小于物镜的数值孔径时，显微镜的分辨能力和亮度降低，但物像反差和焦点深度提高，使物像更加清晰。所以，在不过多地降低分辨能力的前提下，把孔径光阑缩小到所用物镜数值孔径的70％～80％较为适宜。例如，物镜的数值孔径为1.0，孔径光阑的数值可调到0.7～0.8。

调节孔径光阑时，如果聚光器标有孔径光阑数值，转动调节环对准所需的数值即可；如果没有孔径光阑数值，可在将标本聚焦后，从镜筒中取下目镜，在物镜的后焦面可见孔径光阑的影像。

光阑缩至最小，见一亮点，逐渐开大光阑，亮孔扩大，直至需要的程度。当光阑缩小，视场亮度降低时，可适当提高电压增加照明强度。

2）视场光阑的调节　视场光阑位于镜座中，用以控制照明光束的直径。缩小视场光阑，光束直径小于孔径光阑，视场亮度不足，物像不清晰；开大视场光阑，光束直径超出孔径光阑，因光线过多，造成光线的乱反射，也影响物像的清晰度。因此，视场光阑的适宜大小，应以光阑的内缘线外切孔径光阑或孔径光阑外边内接视场光阑为度。

（3）油镜的使用：使用油镜时，需要用香柏油或液体石蜡作为介质。这是因为玻璃与空气的折射率不同，光线通过载玻片和空气进入物镜，部分光线产生折射而损失掉，导致进入物镜的光线减少，使视野暗淡、物像不清；在玻片标本和油镜之间填充折射率与玻璃近似的香柏油或液体石蜡，可减少光线的折射，增加视野亮度，提高分辨能力。

不同的放大倍数、不同反差的标本需要不同的光亮度，而光亮度的调节需要将光源强度、聚光器和光阑综合协调，才会得到合适的效果，这是显微镜操作中非常重要的技术，需要长期实践，反复摸索，才能达到熟练的程度。

3. 观察标本

（1）细胞的形态：观察人血涂片、蚕豆根尖切片、鼠肾切片、口腔上皮装片等，熟悉细胞的一般形态结构。

（2）细胞核和核仁：观察肌肉切片、鼠肝切片，注意细胞的多核及多核仁现象。

（3）中心体：观察马蛔虫受精卵装片，注意中心体的分布及形态特点。

（4）叶绿体：观察菠菜叶片临时装片，注意观察类囊体的形态与数目特点。

（5）高尔基复合体：观察猫的神经细胞装片，注意高尔基体的形态特点及分布。

【实验报告】

1. 简述显微镜的主要结构和操作要领。
2. 分析在使用低倍镜、高倍镜和油镜时，对光亮度的要求。
3. 分析聚光镜在成像质量中的作用。
4. 绘图比较所观察到的不同的细胞形态与结构，对其形态结构与功能的关系进行分析。

实验2　生物制片技术及其应用

在利用显微镜对生物样本进行观察的过程中，由于多数生物组织是由多层细胞构成的，光线无法完全透过，因此不能直接利用显微镜进行观察。要想在显微镜下对其结构进行观察,首先必须将其分离成单个细胞或薄片,固定于一定的载体(如玻片上),经染色等处理,使其更易观察,对生物材料的这一处理过程称为生物制片。生物制片的方法,可分为切片法和非切片法两大类。

生物组织往往比较柔软,不易被切成薄片。切片法是用某种介质包埋生物组织,使组织保持一定的硬度,再用切片机将组织切成薄片,经染色等处理制成玻片标本。根据所用包埋介质的不同,可分为石蜡切片法、冰冻切片法和超薄切片法等,石蜡切片和冰冻切片用于光学显微镜观察,超薄切片用于电镜观察。

非切片法是不经过切片,用物理或化学方法将生物组织分离成单个细胞或薄片,或将生物体整体封藏进行制片的一种方法,常用的非切片法有涂片法、压片法、滴片法和印片法等。非切片法简单易行,快速方便。涂片法就是将组织或细胞均匀地涂在载玻片上,以染色后观察,动物血液、骨髓、精液等以及植物花粉母细胞等样品可用涂片法制片。压片法是将一些柔软的材料(如动物果蝇或摇蚊幼虫的唾液腺、植物的根尖等)在载玻片上压碎的一种非切片法,观察有丝分裂过程或制备染色体标本,可采用此法制片。滴片法是将组织或细胞解离成细胞悬液,直接滴到载玻片上。骨髓细胞、体外培养细胞、肝组织、脾脏、生殖腺、早期胚胎等,均可制成细胞悬液,用滴片法制片。制备动物染色体标本时常采用滴片法。印片法是将新鲜组织的表面或切片向载玻片上印一下,细胞即被沾在载玻片上,经染色后即可观察。

根据保存时间的长短,生物制片又可以分为临时制片和永久制片。临时制片适合于临时性的观察,生物材料往往不需要进行固定、脱水与封固处理,但制片不能长时间保存。永久制片可以长期保存,便于以后对其进行研究和教学,制片过程中必须要对生物材料进行固定、脱水与封固处理。

2-1 血涂片的制备和细胞大小的测量

【目的要求】

1. 掌握血涂片的制备方法。
2. 认识红细胞及各种白细胞的典型形态。
3. 掌握显微测微尺的使用方法。

【实验原理】

血涂片是临床化验中最常规的技术,也是血液学研究中的最基本技术。将血液样品制成单层细胞的涂片标本,经瑞氏(Wright)染液染色后,不同白细胞中的颗粒可以呈现不同的颜色。碱性粒细胞的颗粒呈蓝紫色,酸性粒细胞的颗粒呈橘红色,中性粒细胞的颗粒呈粉红色。根据细胞中颗粒的颜色、大小及多少,再结合细胞的大小及细胞核的形态,就可以将白细胞进行分类计数。

【实验用品】

1. 器材:医用一次性采血针、酒精棉球、镊子、经脱脂洗净的载玻片、目镜测微尺和镜台测微尺。

2. 试剂:瑞氏(Wright)染液

瑞氏粉	0.1 g
甲醇	60 mL

瑞氏粉 0.1 g 置洁净研钵中，加入 10～20 mL 甲醇，充分研磨，将已溶部分移入试剂瓶中，未溶部分加适量甲醇研磨，直至全部溶解。24 h 后即可使用，保存时间越久，染色能力越强。

【方法与步骤】

1. 血涂片的制备与血细胞的观察

(1) 采血：采血前用 70%酒精棉球消毒人的指腹或耳垂，干后用采血针刺破指腹或耳垂的皮肤；动物采血时先将耳部剪毛，酒精消毒后，刺破动物耳部皮肤，弃去第一滴血(因含单核白细胞较多)。

(2) 涂片：挤出第二滴血置于载玻片的一端，再取另一张边缘光滑的载玻片，斜置于血滴的前缘，先向后拉动推片，使其轻轻触及血滴，使血液沿玻片端展开成线状，两玻片的角度以30°～45°为宜(角度过大血膜较厚，角度小则血膜薄)，轻轻将载玻片向前推进，即涂成血液薄膜(图 2-1)。推进时速度要一致，否则血膜成波浪形，厚薄不匀。

(3) 染色 ：待涂片在空气中完全干燥后，滴加数滴瑞氏染液盖满血膜为止，染色 1～3 min。然后滴加等量的蒸馏水，使其与染液均匀混合，静置 5～10 min。用蒸馏水冲去染液，吸水纸吸干，镜检。

(4) 封片：经染色的涂片完全干燥后，用中性树胶封片保存。

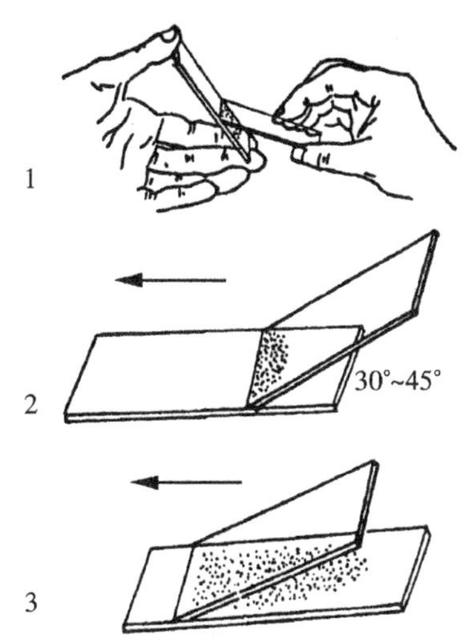

图 2-1 血涂片的制备方法

(5) 观察：分别用低倍镜、高倍镜和油镜观察血涂片，分辨不同的细胞类型。外周血液中白细胞主要有 5 种类型，即单核细胞、淋巴细胞、中性粒细胞、嗜酸性粒细胞和嗜碱性粒细胞。单核细胞是血液中具有吞噬能力的一类细胞，它与组织巨噬细胞同源。其形态特征为细胞核呈马蹄形或肾形，细胞直径为 14～20 μm，核质比较大。淋巴细胞是与机体免疫功能密切相关的细胞类型，分为 T、B 淋巴细胞两种类型，但是利用瑞氏染色并不能对这两种淋巴细胞进行区分。淋巴细胞的典型形态学特征是细胞核质比大，细胞核多为圆形。而血液中粒细胞则可以根据胞质颗粒的嗜色性进一步区分为中性、嗜酸性和嗜碱性三种类型。嗜碱性粒细胞的颗粒呈蓝紫色且颗粒较大，嗜酸性粒细胞的颗粒呈现橘红色，中性粒细胞的颗粒呈粉红色且颗粒较小。但所有的粒细胞的细胞核具有共同的形态特征，细胞为分叶核或腊肠状核。一般来说核分叶越多，细胞的衰老程度越严重。观察时可根据细胞的形态特征判定其细胞类型。

2. 显微测微尺的使用

显微测微尺是用来测量在显微镜下所观察到的物体的长度、面积的工具，包括镜台测微尺、目镜测微尺两部分。镜台测微尺是一块中央固定了一圆形测微尺的特殊载玻片，该测微尺长 1 mm 或 2 mm，分成 100 或 200 格，每格的实际长度为0.01 mm(10 μm)，是专门用来标定目镜测微尺上每一刻度所代表的微米数的。

目镜测微尺是放在目镜中的一种标尺，分为固定式和移动式两种。固定式目镜测微尺是一块圆形玻片，中心刻有标尺，有直线式的，有网式的，标尺一般长 5～10 mm，分成

50～100格。每格的实际长度因不同物镜的放大率和不同镜筒的长度而改变。移动式目镜测微尺的标尺基本上和直线式目镜测微尺相同,所不同的是除了这种固定的标尺外,还有可移动位置的指示线。它装在一个特制的目镜中,右边由一个能旋转的小轮控制着,轮上有刻度,分成100格,此轮每旋转一圈目镜内能移动的指示线[标准线]就移动一格。由于物镜的放大倍数不同,所以不同物镜下目镜测微尺的刻度所代表的长度也不一样,当用目镜测微尺测量细胞的大小,必须先用镜台测微尺标定目镜测微尺每一格所代表的微米数。方法为:在显微镜载物台上放置镜台测微尺,转动显微镜镜筒并移动镜台测微尺,调整目镜测微尺的纵线与镜台测微尺刻度线平行并重合的位置,将目镜测微尺的一条细线重合在一起(使两尺左边的一条直线重合),然后由左向右找出两尺另一重合线间两尺的刻度数,按下式计算目镜测微尺每格等于多少微米。

$$X=\frac{na}{M}$$

式中:X——目镜测微尺每格的实际刻度值。

a——镜台测微尺每格的刻度值(通常为10 μm)。

n——镜台测微尺的刻度数。

M——目镜测微尺的刻度数。

标定好目镜测微尺后,将镜台测微尺取下,换上要测量的标本,即可用标定好的目镜测微尺测量样品的直径了。

由于在实验过程中存在一定误差,因此在标定时要多进行几次,取其平均值。另外需要注意的是,标定和测量时应使用同一放大倍数的物镜,否则会出现偏差。

细胞大小的测量:测量各种血细胞长、短半径,根据测量的结果及下列公式计算各种细胞及细胞核的体积,比较细胞的大小。

椭球形:$V=\frac{4\pi ab^2}{3}$　　a——长半径,b——短半径

圆球形:$V=\frac{4\pi r^3}{3}$　　r——半径

圆柱形:$V=\pi r^2h$　　r——半径,h——高

【实验报告】

1. 绘制不同类型的血细胞图,分析比较各种血细胞的大小和形态特征。
2. 对测量的各种细胞的大小进行统计,计算其细胞体积。

2-2　石蜡切片及HE染色

【目的要求】

1. 熟悉石蜡切片的制作过程。
2. 掌握HE染色的基本原理和染色方法。

【实验原理】

石蜡切片是最基本的切片技术,冰冻切片和超薄切片等都是在石蜡切片基础上发展起来的。苏木精(Hematoxylin)与伊红(Eosin)对比染色法(简称HE染色)是组织切片最常用的染色方法。这种方法适用范围广泛,对组织细胞的各种成分都可着色,便于全面观

察组织构造，而且适用于各种固定液固定的材料，染色后不易褪色可长期保存。苏木精为碱性染料，与细胞核中DNA结合经过HE染色，细胞核被染成蓝紫色，细胞质被伊红（酸性）染色呈粉红色。

【实验用品】

1. 器材：恒温箱、石蜡切片机、解剖器械、载玻片、酒精灯、染色缸和烧杯等。

2. 试剂

(1) Carnoy固定液：无水乙醇60 mL、氯仿30 mL、冰醋酸10 mL。

(2) 各级浓度的乙醇溶液、二甲苯、石蜡。

(3) Ehrlich苏木精染液：苏木精2 g、95%乙醇溶液100 mL。溶解后加入：钾矾3 g、纯甘油100 mL、冰醋酸10 mL、蒸馏水200 mL。

(4) 伊红染液：伊红1 g溶于100 mL 90%乙醇溶液。

3. 材料：小鼠小肠或肝组织。

【方法与步骤】

1. 取材：颈椎脱臼法处死小鼠，打开腹腔，剪取肝组织（或小肠）。切取的组织块不宜太大，以便固定剂穿透，通常以5 mm×5 mm×2 mm或10 mm×10 mm×2 mm为宜。

2. 固定：用生理盐水将组织洗一下，立即投入Carnoy固定液固定30～50 min。

3. 冲洗：50%乙醇30 min。

材料经固定后，除乙醇外，组织中的固定液必须冲洗干净，尤其是含有重金属的固定液。因为残留在组织中的固定液，有的不利于染色，有的产生沉淀或结晶影响观察。冲洗方法根据固定液的性质而定，固定液为水溶液的常用水洗涤，固定液含有乙醇的则用50%或70%乙醇冲洗。

4. 脱水：依次放入50%、70%、80%、90%各级乙醇溶液脱水各40 min，放入95%、100%乙醇溶液各两次，每次20 min。

各种材料经固定与洗涤后，组织中含有大量水分，由于水与石蜡不能互溶，所以必须将组织中的水分除去。

5. 透明：放入二甲苯与100%乙醇溶液各半的混合液20 min，再放入二甲苯透明20 min。

由于乙醇与石蜡不相溶，而二甲苯既能溶于乙醇又能溶于石蜡，所以脱水后还要经过二甲苯予以过渡。当组织中全部被二甲苯占有时，光线可以透过，组织呈现出不同程度的透明状态。组织不宜在二甲苯中放置时间过长，否则组织容易变脆。

6. 透蜡：放入二甲苯石蜡各半的混合液15 min，再放入石蜡Ⅰ、石蜡Ⅱ透蜡各20～30 min。

透蜡的目的是除去组织中的透明剂（如二甲苯等），使石蜡渗透到组织内部达到饱和程度以便包埋。透蜡时间根据组织材料的种类、大小而定，一般来说，动物组织透蜡时间较短，需1至数小时；植物组织的透蜡时间较长，需1～2 d。透蜡应在恒温箱内进行，并保持箱内温度在55～60℃，注意温度不要过高，以免组织发脆。

7. 包埋：将熔化的石蜡倒入一定大小的折叠纸盒内，用稍热的镊子轻轻夹取组织块放入其中，待石蜡表面凝固后，浸入水中，使其完全凝固。

8. 切片（图2-2）

(1) 蜡块的固着与修整：蜡块在切片前必须先进行修整，将组织以外的多余石蜡切

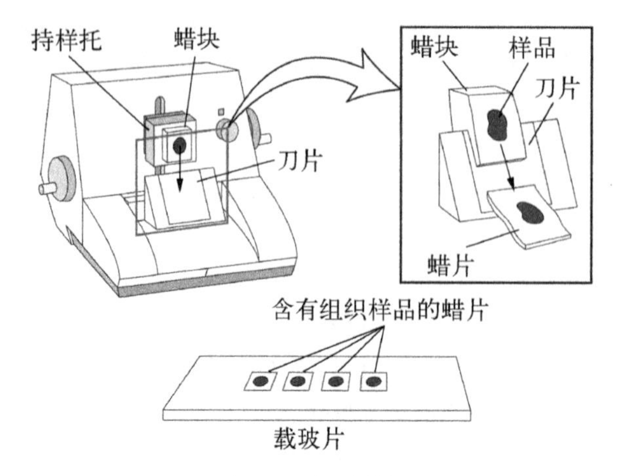

图 2-2　切片操作

去,让组织四周留有 1～2 mm 的石蜡。固着蜡块时,取小木块(或金属小盘)用蜡铲加上热石蜡,再把蜡块底面烙熔,迅速粘到小木块上,冷却后装在切片机上。

(2) 安装切片刀:将切片刀装至切片机上,使刀刃下面与垂直面所成的夹角以 4°～6°为宜。

(3) 切片操作:固定好切片刀后,调整到所需的切片厚度(一般 4～10 μm),松开转轮固定器,缓慢转动转轮。随着切片机的转动,材料按规定的厚度向前推移,形成一条连续的蜡带。

(4) 用毛笔托住蜡带,挑断后依次平放在蜡带盒内。放蜡带时,靠刀面的光滑面朝下放;有皱纹的一面朝上放。

9. 贴片:取洗净的干玻片,滴加适量蒸馏水,挑取蜡片使其漂浮于水滴表面,在酒精灯火焰上方适度加热至蜡片舒展。用解剖针摆好切片位置,将玻片斜放,控掉水分,放置过夜至数天,或放置于 37℃烤箱中过夜,使切片贴牢。

10. 脱蜡复水:石蜡切片经二甲苯Ⅰ、Ⅱ脱蜡各 5～10 min,然后依次放入 100%、95%、90%、80%、70%等各级乙醇溶液中各 2～3 min,再放入蒸馏水中3 min。

染色液多数为水溶液,因此,染色前必须将蜡脱去,使切片中的材料由有机相进入水相。一般采用二甲苯脱蜡,逐级浓度乙醇复水,即由高浓度乙醇逐渐过渡到低浓度乙醇,最后至水。脱蜡复水与脱水浸蜡过程正好相反,但是,由于蜡片较薄,所需时间比脱水浸蜡要短得多。

11. 染色:切片放入苏木精染液中染色 10～30 min。染色时间应根据染色剂的成熟程度及室温高低,适当缩短或延长。

12. 水洗:用自来水流水冲洗约 15 min。冲洗过程中使切片颜色发蓝,但要注意水流不能过大,以防切片脱落,并随时用显微镜检查见颜色变蓝为止。

13. 分化:将细胞质着色褪去,使细胞核着色更加鲜明,也称分色。将切片放入 1%盐酸乙醇液(盐酸 1 份+70%乙醇 100 份)中褪色,见切片变红,颜色较浅时即可,数秒至数十秒钟。这一步骤是 HE 染色成败的关键,如分化不当会导致染色不匀、或深或浅,得到的切片染色效果差。如果染色适中,可取消此步骤。

14. 漂洗:切片再放入自来水流水中使其恢复蓝色。低倍镜检查见细胞核呈蓝色、结构清楚；细胞质或结缔组织纤维成分无色为标准。然后放入蒸馏水中漂洗一次。

15. 脱水Ⅰ：切片入50%乙醇→70%乙醇→80%乙醇中各2～3 min。

16. 复染：伊红染液对比染色2～5 min。伊红主要染细胞质，着色浓淡应与苏木精染细胞核的浓淡相配合，如果细胞核染色较浓，细胞质也应浓染，以获得鲜明的对比。反之，如果细胞核染色较浅，细胞质也应淡染。

17. 脱水Ⅱ：放入95%乙醇中洗去多余的红色，然后放入无水乙醇中3～5 min，最后用吸水纸吸干。

18. 透明：切片放入二甲苯-100%乙醇等量混合液中约5 min，然后放入纯二甲苯Ⅰ、Ⅱ中各3～5 min。二甲苯应尽量保持无水，需经常更换。

19. 封藏

切片经染色、脱水、透明后，即可用封藏剂将其封藏起来，目的是永久保存切片，便于镜检。常用的封藏剂有干性封藏剂（如中性树胶、加拿大树胶等）、湿性封藏剂（如甘油明胶等）。如果切片是经二甲苯透明，则用树胶作为封藏剂，树胶可以用二甲苯稀释至合适的稠度。如果切片是直接从水中或水溶液中取出，则常用甘油明胶作为封藏剂，用于短期保存标本。

染色结果：细胞核被苏木精染成蓝色，细胞质被伊红染色呈粉红色。

【实验报告】

1. 简述石蜡切片的主要过程。
2. 分析影响HE染色的主要因素。

2-3　冰冻切片及HE染色

【目的要求】

熟悉冰冻切片的制作过程。

【实验原理】

冰冻切片(frozen section)是一种在低温条件下使组织快速冷却到一定硬度，然后进行切片的方法。由于在冰冻切片前组织不经过任何化学药品的处理，不需经过脱水、透明和透蜡等步骤，因此较石蜡切片快捷、简便，而多应用于脂肪组织、酶的显示以及手术中的快速病理诊断。

【方法与步骤】

1. 取材，未能固定的组织取材，最好为24 mm×24 mm×2 mm。
2. 取出组织支承器，放平摆好组织，周边滴上包埋剂，速放于冷冻台上，冰冻。
3. 将冷冻好的组织块，夹紧于切片机持承器上，启动粗进退键，转动旋钮，将组织修平。
4. 调好欲切的厚度，根据不同的组织而定，原则上是细胞密集的薄切，纤维多细胞稀的可稍为厚切，一般在5～10 μm。
5. 切片固定30 s～1 min。
6. 水洗。
7. 苏木精染色3～5 min。
8. 分化。

9. 漂洗,使其恢复蓝色。

10. 伊红染色 10～20 s。

11. 脱水,透明,中性树胶封固。

实验3　特殊显微镜的使用

3-1　荧光显微镜

【目的要求】

1. 了解荧光显微镜的基本构成和基本原理。

2. 初步掌握荧光显微镜的调节步骤和使用方法。

【实验原理】

荧光显微镜是利用一个高发光效率的点光源,经过滤色系统,发出一定波长的光(紫蓝光或紫外光)作为激发光,能激发标本的荧光物质使其发出一定的荧光,再通过物镜和目镜放大后进行观察,用于检测各种荧光分子的存在、分布及相对量。

荧光显微镜的光路,根据荧光激发方式的不同,可分为落射式和透射式两种。落射式比透射式具有较多的优越性,因而,生物学和医学观察中大多使用落射式荧光显微镜。

落射式荧光显微镜的光路:从汞灯或氙灯发射出的高强激发光,经激发滤光片到达双色分光镜,在此处分光后,较短波长的激发光反射向下进入物镜,通过物镜射向样品,样品产生的荧光反射向上再进入物镜,又经双色分光镜的分光作用,较长波长的荧光透射向上经阻断滤光片进入目镜(图3-1)。

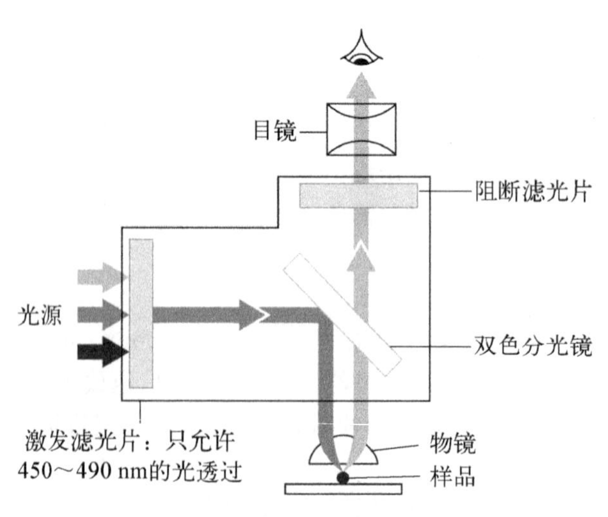

图3-1　落射式荧光显微镜光路图

荧光显微镜和普通光学显微镜基本相同,主要区别是荧光显微镜具有荧光光源和滤色系统。

1. 荧光光源

一般用高压汞灯或氙灯,汞灯在 366 nm、405 nm、436 nm、546 nm、577 nm 处有很强

的发射线，氙灯也在光的紫外区、可见区有较强的发射线。

2. 滤色系统

由激发滤光片、阻断滤光片和双色分光镜组成。

(1) 激发滤光片：放置于光源和物镜之间，可提供一定波长的激发光。常用的激发滤光片能产生 420 nm 的蓝光或 365 nm 的紫外光。

(2) 阻断滤光片：必须与激发滤光片配合使用。阻断滤光片可阻断掉一些较短波长的激发光，而只让所需要的纯荧光到达目镜供观察，同时也保护了眼睛不受激发光的影响。

(3) 双色分光镜：其方位与激发光的平行光轴以及目镜-物镜构成的垂直光轴均呈 45°，其作用是透射较长波长的发射荧光和反射较短波长的激发光，因此，可对激发光和荧光进行初步分流。

为了获得好的观察效果，应根据荧光物质的吸收光谱和发射光谱选择适宜的激发滤光片、阻断滤光片和双色分光镜。已有生产厂家将激发滤光片、阻断滤光片和双色分光镜匹配为若干组合，以方便使用。

3. 物镜

由于激发光和收集荧光都是由同一物镜实现的，所以荧光物镜采用的是能透过紫外线的特制物镜。荧光效率与所用物镜数值孔径的 4 次方成正比，所以用数值孔径较大的浸液物镜(水浸或油浸)效果较好。

【实验用品】

1. 器材：荧光显微镜、细胞培养用品、载玻片、盖玻片、擦镜纸等。
2. 试剂：吖啶橙荧光染料，细胞培养用液等。
3. 材料：培养细胞，口腔黏膜上皮细胞涂片。

【方法与步骤】

1. 打开光源，高压汞灯或氙灯要预热几分钟才能达到最亮。
2. 根据观察的标本所染的荧光染料，选择不同的激发滤光片和阻断滤光片组合。
3. 用低倍镜观察，调整光源使其亮区位于视野中央。
4. 放置标本(吖啶橙染人口腔黏膜上皮细胞)，调焦后即可观察。

【注意事项】

1. 切断电源后，必须等汞灯冷却后才能再次启动，并尽量减少启动次数。
2. 标本照射时间过长(数分钟后)，会发生荧光减弱的现象。所以应快速观察、采集图像。
3. 用油镜观察标本时，必须用本身不含荧光物质的特殊镜油。
4. 未装滤光片不要用肉眼直接观察，以免损伤眼睛。
5. 荧光显微镜标本要求切片较薄(冰冻切片 15～20 μm，石蜡切片<10 μm)。在制片过程中不要用自身发射荧光或抑制荧光发生的物质作固定剂和封埋剂，最好是冰冻切片。

实验结果：细胞核 DNA 呈亮绿色→黄绿色荧光，细胞质和核仁的 RNA 成橘红色荧光。

3－2　相差显微镜

【目的要求】

1. 了解相差显微镜的基本构成和基本光路。

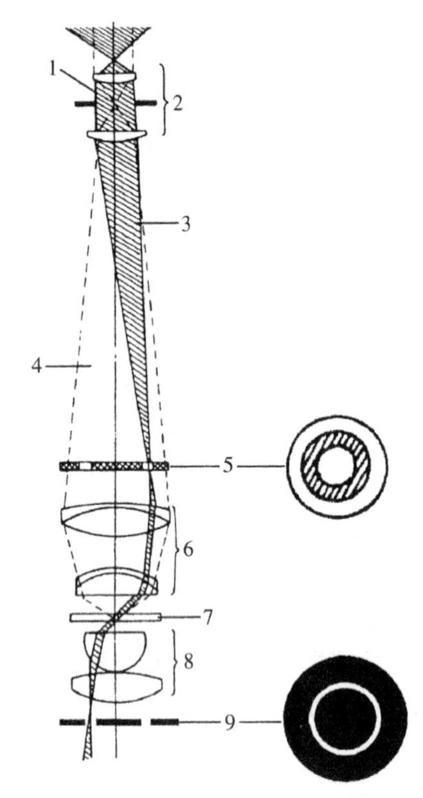

图 3－2 相差显微镜原理示意图

1. 像；2. 目镜；3. 直射光；4. 衍射光；5. 相板；6. 物镜；7. 样品；8. 聚光镜；9. 环状光阑

2. 初步掌握相差显微镜的调节步骤和使用方法。

【实验原理】

人的眼睛只能感觉光波的波长(颜色)和振幅(亮度)的变化。活的细胞或未染色的标本多为无色透明，光波通过时，波长和振幅并不发生变化，所以用普通的光学显微镜难于观察。但是，即使是近于无色透明的细胞或标本，各部分的折射率或厚度也会有微小的差异。当光波通过时，在各部分的滞留时间就会不同，即光程会有微小的不同，因而光波的相位会发生微小的变化。

相差显微镜能够改变直射光或衍射光的相位，并且利用光的衍射和干涉现象，把相差变成振幅(明暗)差。同时它还吸收部分直射光线，以增大其明暗的反差。所以人的眼睛就能够分辨活细胞或未染色标本的细微结构(图 3－2)。

相差显微镜和普通显微镜的主要不同之处是用环状光阑代替可变光阑，用带相板的物镜代替普通物镜，并带有一个合轴用的望远镜。

(1) 环状光阑：它是由大小不同的环状孔形成的光阑，与聚光镜在一起组成转盘聚光器。环状光阑的作用是将直射光所成的像从一些衍射旁像中分出来。

(2) 相板：相板安装在物镜的后焦面。相板分为两个部分，通过直射光的共轭面和通过衍射光的补偿面。相板装有吸收光线的吸收膜及推迟相位的相位膜。相板的作用是推迟直射光或衍射光的相位，并吸收直射光从而使亮度发生变化。

【实验用品】

1. 器材：相差显微镜、细胞培养用品、载玻片、盖玻片、擦镜纸等。

2. 试剂：细胞培养用液。

3. 材料：培养细胞。

【方法与步骤】

1. 打开相差显微镜的光源(其光源要求光度强大而发热较少)。

2. 在明视野条件下对光、调焦。观察透明标本时要缩小光阑。

3. 旋转转盘聚光器，使环状光阑的直径与孔宽和所使用的相差物镜相适应(如10×相差物镜用 10×标示孔的光阑)，并充分开大虹彩光阑。

4. 合轴调整：拔出目镜，插入合轴望远镜。用左手指固定其外筒，一边看望远镜，一边用右手转动内筒升降，对准焦点就能看到环状光阑的亮环和相板的黑环，此时可将望远镜固定住。升降聚光器并调节其下的螺旋使亮环的大小与黑环一致，再左右前后调节光阑的侧边(或旋转聚光器两侧的调节钮)，使亮环与黑环完全重合。

5. 拔出望远镜，插入目镜，即可进行观察。

【注意事项】

1. 相板的选择：当与染色标本进行比较观察，或为了加强半透明物体反差时，多用暗反差；而计算数量或观察物体运动以及研究极细微结构时，多用明反差。当被检物体较大并且与介质的相差很大时，使用低吸收程度的相板；相反，如果观察微小物体并与介质的相差很小，则使用高吸收程度的相板。例如，观察线粒体用明反差的高吸收相板，核内构造用明反差的低吸收相板。

2. 相差显微镜所用的标本切片厚度不要大于 20 μm，最好是几个微米。载玻片的厚薄要均匀，厚度 1 mm 左右。

3-3　倒置显微镜

【目的要求】

1. 了解倒置显微镜的基本构成和特点。

2. 初步掌握倒置显微镜的调节步骤和使用。

【实验原理】

倒置显微镜的构造与普通显微镜主要区别有以下两点。

一是倒置显微镜物镜与照明系统之间进行了颠倒，故称为“倒置显微镜”(图 3-3)。普通显微镜的物镜在载物台之上，照明系统在载物台之下。而倒置显微镜则将物镜移到载物台下面，将照明系统移到载物台之上。适用于观察带液体的标本，如培养瓶或培养皿内培养的贴壁细胞等。将培养瓶或培养皿置于载物台上，视野内即能观察到瓶底或皿底的培养细胞。

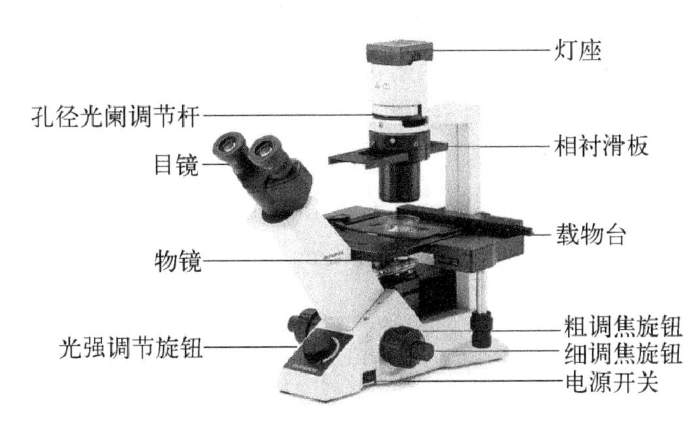

图 3-3　倒置显微镜

二是倒置显微镜均配有相差物镜，同时具有相差显微镜的功能，适于观察活的培养细胞。人的眼睛只能感觉光波波长(颜色)和振幅(亮度)的变化。培养细胞为活细胞，多为无色透明，光波通过时，波长和振幅并不发生变化，所以用普通光学显微镜难于观察。但是，即使是近于无色透明的细胞或标本，各部分的折射率或厚度也会有微小的差异。当光波通过时，在各部分的滞留时间就会不同，即光程会有微小的不同，因而光波的相位会发生微小的变化。相差显微镜能够改变直射光或衍射光的相位，并且利用光的衍射和干涉现象，把相差变成振幅差(明暗)差。同时它还吸收部分直射光线，以增大其明暗反差。所以人的眼睛就能够分辨活细胞或未染色标本的细胞微结构。相差显微镜和普通显微镜的主要不同之处是用环状光阑代替可变光阑,用带相位板的物镜代替普通透镜。

近年来,光学显微镜的设计和制作又有了很大的发展,其发展趋势主要表现在注重实用性和多功能方面的改进。在装配设计上趋于采用组合方式,集普通倒置显微镜加相差、荧光、暗视野、摄影装置于一体,从而使倒置显微镜的操作更灵活,使用更方便。同时倒置显微镜也是显微操作系统的重要组成部分。

【实验用品】

1. 器材:倒置显微镜、CO_2培养箱、细胞培养用品等。
2. 试剂:合成培养基、新生牛血清及其他培养用液。
3. 材料:培养的贴壁细胞。

【方法与步骤】

1. 将标本或者细胞培养瓶放置于载物台通光孔上。
2. 接通电源,打开显微镜照明开关。
3. 调节目镜间距与眼距一致。
4. 调节粗、细调焦旋钮和载物台移动旋钮,在目镜中观察标本,对于未染色的标本(如培养中的生活细胞),需将显微镜上方的相衬滑板与物镜配合使用,使之组成相差系统方能有效观察(相衬滑板的三个位置从左向右分别用于4×,10×/20×/40×,空位置)。
5. 观察完毕后,取下观察对象,推拉光源亮度调节器至最暗。关闭镜体下端的开关,并断开电源。旋转物镜转换器,使物镜镜片置于载物台下侧,防止灰尘的沉降。

【注意事项】

1. 明场中观察未染色样品时,关小孔径光阑;相差观察时,打开孔径光阑。
2. 明场观察时,使用色温平衡滤色片(LBD);相差观察时,根据需要使用绿色滤色片(IF550);显微照相时,建议使用吸热滤色片(45HA)。
3. 组织培养液或水溅到载物台上、物镜上或显微镜架上可能会损伤设备。如果溅上后,应该立即从墙上拔下电源线,擦去溅出液或水。
4. 操作过程中,灯座表面会很热。安装显微镜时,一定要在灯座周围,尤其是上方保持足够的自由空间。

【实验报告】

1. 比较荧光显微镜、暗视野显微镜、相差显微镜和倒置显微镜在原理上的异同。
2. 分析四种显微镜在生物学研究应用上的差别。

实验4 激光扫描共聚焦显微镜的原理与使用

【实验原理】

激光扫描共聚焦显微镜(laser scanning confocal microscope)是目前最先进的细胞生物学分析仪器之一。它是在荧光显微镜成像的基础上加装激光扫描装置,利用计算机进行图像处理,不仅可观察固定的细胞、组织切片,还可对活细胞的结构、分子、离子进行实时动态观察和检测。目前,激光扫描共聚焦显微技术已用于细胞形态定位、立体结构重组、动态变化过程等研究,并提供定量荧光测定、定量图像分析等实用研究手段,结合其他相关生物技术,在形态学、生理学、免疫学、遗传学、分子细胞生物学等领域得到广泛应用。

传统的光学显微镜使用的是场光源，入射光照射到整个标本的一定厚度，标本上每一点的图像都会受到邻近点的衍射光或散射光的干扰，使图像的信噪比降低，影响了图像的清晰度和分辨率。激光扫描共聚焦显微镜在结构上采用双针孔(pinhole)装置，利用激光扫描束经照明针孔形成点光源对标本内焦平面上的每一点扫描，标本上的被照射点，在探测针孔成像，由探测针孔后的光电倍增管或冷电稳合器件逐点或逐线接受，迅速在计算机监视器屏幕上形成荧光图像，照明针孔与探测针孔相对于物镜焦平面是共轭的，焦平面上的点同时聚焦于照明针孔和探测针孔，焦平面以外的点不会在探测针孔成像，这样得到的共聚焦图像克服了普通显微镜图像模糊的缺点(图 4－1)。此外在显微镜的载物台上加一个微量步进马达，可使载物台上下步进移动，这样细胞或组织各个横断面的图像都能清楚地显示，实现“光学切片”的目的。不同焦平面的光学切片经三维重建后能得到样品的三维立体结构，这种功能被形象地称为“显微 CT”。

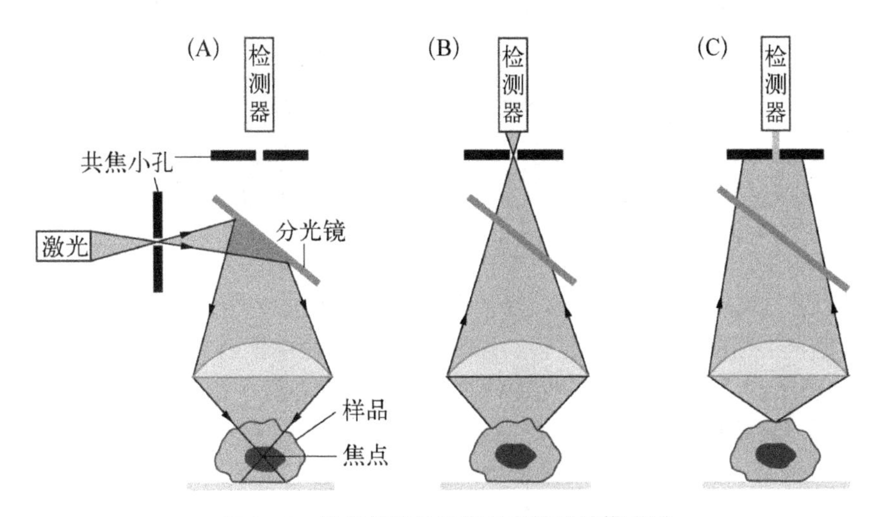

图 4－1　激光扫描共聚焦显微镜光路模式图

【方法与步骤】

1. 激光扫描共聚焦显微镜的构成

激光共聚焦显微镜由显微镜光学系统、扫描装置、激光光源和检测系统构成，整套仪器由计算机控制，各部件之间的操作切换都可在计算机操作平台界面中方便灵活地进行(图 4－2)。

(1) 显微镜光学系统：显微镜是激光扫描共聚焦显微镜的主要组件，它关系到系统的成像质量。通常有倒置和正置两种形式，前者在活细胞检测等生物医学领域中使用更广泛。物镜组的转换，滤色片组的选取，载物台的移动调节，焦平面的记忆锁定都应由计算机自动控制。多功能显微镜以德国的蔡司(Zeiss)和莱卡(Leica)的产品为好，也常用日本的尼康(Nikon)或奥林巴斯(Olympus)产品。

(2) 扫描装置：激光扫描共聚焦显微镜使用的扫描装置有两类，台扫描系统和镜扫描系统。现在也有两者结合使用的仪器。台扫描通过步进马达驱动载物台，位移精度可达 0.1 μm，能够有效地消除成像点横向相差，使样品信号强度不受探测位置的影响，可准确定位定量地扫描检测视野中每一物点的光强度，缺点是载物台机械移动、图像采集速度较

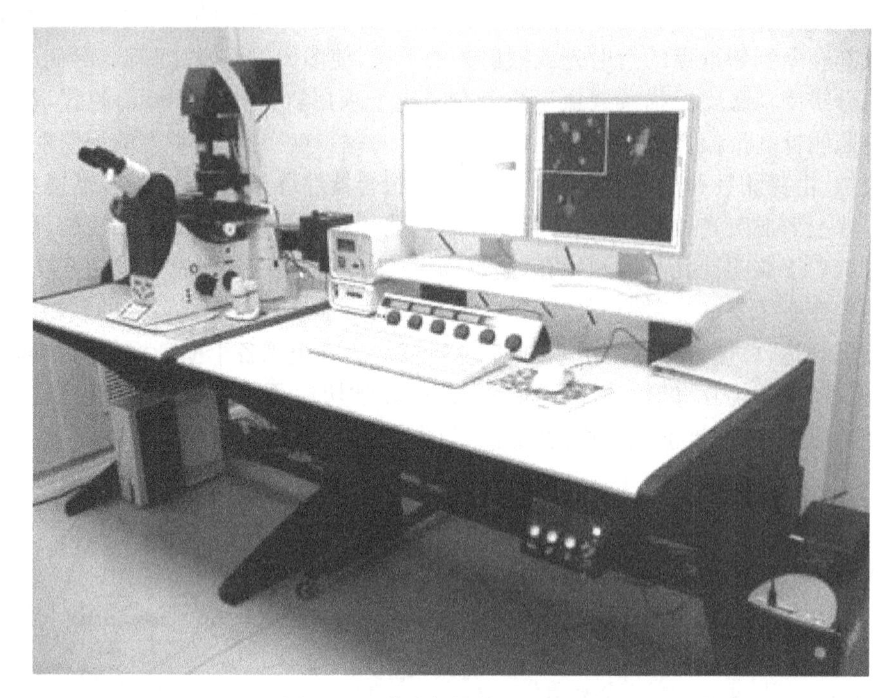

图 4-2　激光扫描共聚焦显微镜

慢。镜扫描通过转镜完成对样品的扫描。由于转镜只需偏转很小角度就能涉及很大的扫描范围,图像采集速度大大提高,512×512 画面每秒可达 4 帧以上,有利于那些寿命短的离子作荧光测定,但因光路略有偏转会对通光效率和相差有所影响。扫描系统的工作程序由计算机自动控制。

(3) 激光光源:激光扫描共聚焦显微镜使用的激光光源有单激光和多激光系统。氪氩离子激光器是可见光范围内使用的多光谱激光,发射波长分别为 488 nm、568 nm 和 647 nm 的蓝光、绿光和红光,大功率氩离子激光器是紫外和可见光混合激光器,发射波长分别为 351～364 nm、488 nm 和 514 nm 的紫外光、蓝光和绿光。单个激光系统的优点是安装方便、光路简单,但价格较贵并存在不同激光之间的光谱竞争和色差校正问题。多激光系统的优点是各谱线激光单独发射,不存在谱线竞争的干扰,调节方便,但光路复杂,光学系统共轴调试要求高。

(4) 检测系统:激光扫描共聚焦显微镜为多通道荧光采集系统,光路上要求至少有三个荧光通道和一个透射光通道,样品发射荧光的探测器为感光灵敏度高的光电倍增管 PMT,配有高速 12 位 A/D 转换器,可以做光子计数。每个 PMT 前设置单独的针孔,由计算机软件调节针孔大小,光路中设有能自动切换的滤色片组,满足不同测量的需要。通过在线视频打印机或数字照相机可以实时拷贝图像。

2. 激光扫描共聚焦显微镜的使用

(1) 样品准备:传统的样品制备方法也可用于共聚焦显微样品的制备,假如物镜的工作距离足够大,大多数组织表面下 0.5 mm 就能达到一般的清晰要求。如果一个 1 mm 厚的样品被封固在两层盖片之间,可以从上下两边成像,通常就可以充分检测出样品。对于需要最高精确度的工作,为避免样品产生的球面相差,就要求最大厚度限制在大约 0.2 mm。

（2）荧光染色：实验样品准备好之后，要经过荧光染色，才能进行激光扫描共聚焦显微镜的观察和分析。目前荧光探针的发展非常迅速，其中分子探针公司一家就提供近2 000种探针，因此要选择合适的荧光探针进行染色。

（3）激光扫描共聚焦显微镜的使用：根据标本探针的激发波长选择合适的激光器的类型，根据探针的发射波长选择相应的滤片，打开合适的软件，设置好相关参数，开始实验。

（4）实验结果的分析与处理：使用相关软件对记录的图像和数据进行分析处理，输出实验结果。

【实验报告】

1. 简述激光扫描共聚焦显微镜的基本结构与工作原理。
2. 比较激光扫描共聚焦显微镜与普通荧光显微镜的异同。
3. 简要总结激光扫描共聚焦显微镜的操作步骤。

实验5　透射式电子显微镜的原理与使用

【目的要求】

1. 了解透射式电子显微镜的结构和基本工作原理。
2. 初步掌握超薄切片技术。
3. 了解透射式电子显微镜的操作技术。

【实验原理】

由于光学显微镜的分辨率受照射光波长的限制，要观察细胞内部的细微结构，必须突破可见光波长的限制，选择波长较短的光源。最初选择了比可见光波长短一倍的紫外线（250 nm），发明了紫外光显微镜，分辨率提高到100 nm左右。

1932年德国柏林大学E. Ruska等发明的第一台实用电子显微镜问世，1939年德国西门子公司制造了第一台、分辨率达到10 nm的世界上最早的商品电子显微镜。到现在电子显微镜的分辨率已比光学显微镜提高了1 000倍，分辨率已达0.2 nm。1953年瑞典人成功制造较完善的超薄切片机和随之出现的各种电子染色方法，使超薄切片技术得到迅速发展，从而推动了电子显微镜技术在生物学领域中的广泛应用。电子显微镜经过不断的改进和发展已成为细胞生物学研究的重要工具，细胞生物学中常用两种电子显微镜即透射式电镜和扫描电镜。

【实验用品】

1. 器材：透射式电子显微镜、超薄切片机、制刀机、恒温箱、干燥箱、冰箱等。
2. 试剂：各级浓度的乙醇溶液、2.5%戊二醛、1%锇酸、0.2 mol/L磷酸缓冲液、环氧树脂（Epon812）、醋酸铀染液等。
3. 材料：小鼠肝脏或其他组织。

【方法与步骤】

1. 透射式电镜的构造

透射式电镜主要由电子光学系统、真空系统和供电系统三部分构成。

（1）电子光学系统：电子光学系统是整个电镜的核心部分，是构成电镜的主体。该系统的各部件分布于直立的镜筒中，从上到下依次为电子枪、聚光镜、样品室、物镜、中间镜、投影镜、荧光屏、照相记录装置。聚光镜、物镜、中间镜、投影镜等均为电磁透镜。

电子枪与聚光镜是电镜的照明装置，其作用是产生高强度、高度稳定的电子束。电子枪是电子的发射源，由阴极、栅极和阳极构成。其阴极是由极细的钨丝制成的 V 形灯丝，当被加热至 2 200～2 500℃时，就会发射自由电子。阳极接地维持零电位；栅极可控制电子束的大小和强度。由阴极发射的电子，通过栅极的小孔和电子枪的交叉点形成电子束，经 50～120 kV 的电压加速后，变成高速电子流射向位于电子枪下方的聚光镜。

聚光镜将电子束进行聚焦并送至样品室。目前高分辨率电镜多采用双聚光镜，以提高照明效率。

样品室位于聚光镜之下，它包括样品架、样品台和样品移动调节装置，用于承载生物组织样品的样品台可在同一平面上作横向或纵向移动。

物镜位于样品室正下方，是电镜中最重要的结构，决定着电镜的分辨率和成像质量，有很高的放大率。从样品透射过来的电子，首先由物镜形成放大的电子像。

中间镜是控制图像放大倍率的电磁透镜，其结构与物镜相似，但具有较长焦距，可改变放大倍率。中间镜的作用是将已经物镜放大几十至几百倍的电子像进行第二次放大。

投影镜是结构与物镜相似的高倍率电磁透镜，其功能是将中间像进一步放大后投射到观察室的荧光屏上。

观察室与其下方的照相装置为电镜的观察记录部分。荧光屏位于由铅玻璃窗围成的观察室内，当来自投影镜的电子像作用于荧光屏时，会激发屏上的荧光物质形成肉眼可见的电子显微图像。观察室正面和侧面观察窗上的铅玻璃可防止射线对观察者的危害。位于荧光屏下方的照相装置可随时拍摄记录所观察到的图像。当选好需要拍摄的图像并调好焦距后，便可拉起荧光屏，使图像记录在感光底片上。为了方便观察者看清图像或精确调焦，在电镜的观察室外一般还装有 5～10 倍的放大镜。

(2) *真空系统*：电镜在工作时其镜筒内需要高真空，即在电子束的通道内不能存在任何游离气体，否则高速电子流会与气体分子发生碰撞，使电子发生散射而降低图像反差。碰撞还会使气体电离放电而导致电子束不稳定，气体与炽热的灯丝可发生相互作用，导致灯丝寿命缩短。为了保证高真空，电镜的真空系统一般备有二级真空泵，前级为机械泵，可使镜筒中的真空抽到 10^{-2} mmHg(1 mmHg＝1. 333×10^{2} Pa)；后级为油扩散泵，可使真空抽至 10^{-5} mmHg 左右。电镜工作时，真空度一般要求低于 10^{-4} mmHg。

(3) *电源系统*：电源的供电系统较复杂，分灯丝加热电源、电子加速高压电源和透镜励磁电源等。灯丝加热采用较为稳定的高频或直流电源，高压电源可产生 20～100 kV 的可调高电压，但电流小，仅几十微安，用于电子加速；透镜电源则是供给各种透镜的大电流、低电压电源。电镜中的各种电源，特别是高压电源和透镜电源必须有较高的稳定度，否则会影响成像质量。

2. 透射式电镜的成像原理

由阴极发射的电子在几万至几百万伏加速电压作用下，经过聚光镜会聚成很细的电子束后，以极高速度射到很薄的样品上。当电子穿过样品时，大量的入射电子直接穿过很薄的样品，但有一部分入射电子会与样品的原子核或外层电子发生碰撞，从而使入射电子的运动方向和运动速度发生变化导致散射。当入射电子与原子核碰撞时，入射电子速度基本不变，但运动方向改变了；当入射电子与样品外层电子碰撞时，入射电子的运动速度和方向都会改变。由于样品各部位的厚度和密度不同，入射电子穿透样品时，各部位对电子的散射程度就不同，即样品的质量厚度越大，电子散射角也越大；而质量厚度较小的样品，其电子散射角也较小。当通过样品后面的物镜光阑时，散射角大的电子会被挡住，不再参与成像。样品中质量较大的区域(如糖原、核糖体等处)将形成电子密度较大的区域，成为亮区。这样，电子束通过样品后，便产生能反映样品结构形貌信息的电子密度不同的区域。当疏密不同的电子束经过物镜磁场的折射后，可被放大成像，再经中间镜和投影镜的再次直射，将物像进一步放大，最后在荧光屏上将人眼不可见的电子像转换为具有明暗反差的可见黑白物像。

3. 超薄切片的制备

(1) 样品的取材、固定和包埋

1) 取材　取材是制备电镜标本非常关键的步骤，为了保证细胞的完整，一般实施活体取材。活体取材的关键是尽可能迅速和准确，对生物体各种组织材料的取材和固定，都应事先周密设计。取材时所用的器械容器最好事先预冷，器械要锋利，操作时应避免拉、锯、压等动作而造成细胞的损伤。

2) 固定　固定的目的是利用化学试剂使被研究细胞的微细结构或化学成分保持其生前状态。良好的固定应使细胞的生命过程立即终止，其中所含的半流质内容物应立即凝固而不瓦解，所有细胞器都应完整无损地被保存下来。为了提高固定效果，制样时一般采用戊二醛-四氧化锇双重固定法，即先将材料用 2.5%的戊二醛固定3 h(前固定)，然后取出用 0.2 mol/L 的磷酸盐缓冲液(PBS)漂洗 3 次，每次 10 min，再用 1%的四氧化锇液固定 1～2 h(后固定)。前固定与后固定一般在 4℃冰箱中进行。经戊二醛固定的材料可转入 0.2 mol/L 的 PBS 中保存数天至数周备用。

3) 脱水与渗透　包括① 漂洗：将四氧化锇固定后的样品取出后用0.1 mol/L的 PBS 进行漂洗。② 脱水：经漂洗后的材料，要用既能与水又能与包埋材料相混合的液体，来取代样品中的水分，乙醇和丙酮是常用的脱水剂。在脱水过程中注意掌握好脱水的时间，以便充分除去组织中的水分。③ 渗透：经脱水的样品在包埋前一般要经过渗透处理，即用包埋剂取代脱水剂渗透到组织中去。现多采用环氧树脂 Epon812 作包埋剂。

4) 包埋与聚合　包埋的目的是让样品组织获得一定的硬度、弹性和韧性，能够承受超薄切片时各种力的作用，便于制成超薄切片。理想的包埋剂应具备以下特点：① 黏度较低，能迅速深入到组织内部；② 在聚合前能与脱水剂互溶；③ 在渗透过程中能取代脱水剂；④ 能充分而均匀地聚合；⑤ 聚合时体积收缩较小；⑥ 聚合后切割性能好；⑦ 能耐受高速电子的轰击。Epon812 是符合上述要求的常用包埋剂之一。

(2) 超薄切片

1) 包埋块的修整　在对样品进行超薄切片之前，先要对包埋块进行修整，使其成为所需的形状和大小，修块一般在解剖镜下进行操作。

2) 玻璃刀的制备　用于超薄切片的切刀一般有钻石刀和玻璃刀两种，钻石刀能长期反复使用，但价格昂贵；目前广泛用于超薄切片的是玻璃刀。玻璃刀呈三角形，可用专门的制刀玻璃在制刀机上制成，也可用手工制作，但合格率较低。制备好的玻璃刀用胶带在刀上贴一个水槽以方便切片的收集。

3) 支持膜的制备　安放超薄切片的载片是一种直径仅 3 mm 的铜网,这种铜质载网有不同的规格,即网孔的大小不一样,以适应不同的材料。有时铜网上需覆盖支持膜,以防止切片漏掉或卷曲,支持膜还可防止电子束打坏样品切片。一般要求支持膜材料有一定的强度和透明度,并与所载样品不发生化学反应。常用的支持膜有火棉胶膜和 Formvar 膜(聚乙烯醇缩甲醛膜)。

4) 切片　超薄切片的技术性较强,需要多实践才能切出合格的切片。超薄切片机是一种十分精密的仪器,工作时切片的厚度和速度可以自动控制。一般来讲,超薄切片的操作要求在防震、恒温和无空气流通的环境中进行,因为轻微的振动、温度变化和气流等因素均会影响切片的效果。

(3) 染色:为了增加超薄切片的反差,以充分显示组织和细胞的超微结构,一般采用铀-铅双重染色法。即先用醋酸铀对切片进行初染,再用柠檬酸铅进行复染。醋酸铀的主要作用是提高核酸、蛋白质和结缔组织纤维成分的反差;而柠檬酸铅主要是提高细胞膜系统和脂类的反差。

4. 透射式电镜的使用

电镜是大型精密仪器,价值昂贵,一般由专门的技术人员负责和维护。各种不同型号的电镜,其操作程序也不尽相同,使用者应认真阅读操作说明书,严格按操作程序进行操作。

使用透射电镜观察生物组织超薄切片的一般程序简述如下。

1) 启动稳压电源,接通冷却循环水。

2) 启动电镜的真空泵抽真空。

3) 真空度达到要求后启动高压获得照明。

4) 抽出侧插式样品支架,将载有超薄切片的铜网安放在支架上并送入电镜的样品室。

5) 利用样品移动装置选择观察视场,调节中间镜电流,控制放大倍数,配合调节第二聚光镜,选择合适的亮度。

6) 先在低倍条件下调节亮度,并聚焦需要观察的标本,再选择适宜的观察区域放大观察。

7) 将需要的结构图像照相记录。

8) 电镜使用完毕后,先用钥匙关掉机器,再关闭冷却水和总电源。

实验 6　扫描电子显微镜的原理及样品制备

【目的要求】

1. 了解扫描电子显微镜的基本工作原理。

2. 了解扫描电子显微镜的使用方法。

3. 了解扫描电子显微镜样品制备的基本过程。

【实验原理】

在 Oatley 等的努力下,于 1965 年研制成功了世界上第一台用来观察标本表面形态结构的扫描电镜(scanning electron microscope, SEM)。

电子枪、聚光镜和物镜等组成了扫描电镜的电子光学系统。在该系统中，物镜位于样品的上方，起着汇聚电子束的作用。由电子枪发射的电子束经聚光镜和物镜的汇聚作用形成极细的电子束照射样品。在扫描线圈的作用下，入射电子束在样品表面作栅状扫描。由入射电子和样品相互作用产生的二次电子经样品上方的光电倍增管监测并输出电信号。该电信号由视频放大器放大后输入显像管的栅极，用来调制其亮度。显像管的扫描线圈与入射电子束的扫描线圈由同一扫描发生器控制，所以入射电子束与显像管成像电子束的扫描同步，即物点和像点一一对应。由于显像管上某点(像点)的亮度由样品上对应点(物点)所产生的二次电子信号控制，所以在显像管上可以显示样品表面形貌的图像。为了使标本表面发射出次级电子，标本要进行特殊处理。标本在固定、脱水后，要喷涂上一层重金属微粒，重金属在电子束的轰击下会发出二次电子信号，可用于电子成像。

【实验用品】

1. 器材：扫描电子显微镜。

2. 试剂：2.5%戊二醛、1%锇酸、0.2 mol/L 磷酸缓冲液、液体二氧化碳、醋酸异戊酯等。

0.2 mol/L PBS(pH 7.2)配制：72 mL 0.2 mL Na_2HPO_4 与 28 mL 0.2 mol/L NaH_2PO_4 混匀即可。

3. 材料：小鼠小肠。

【方法与步骤】

1. 取材：注意保护好样品的表面，清洗干净，暴露出小肠内腔面的最佳位置。

2. 固定、漂洗和脱水：与超薄切片样品制备相似，脱水至纯乙醇。

3. 用醋酸异戊酯置换乙醇。

4. 临界点干燥：在临界点干燥仪中用液态 CO_2 置换醋酸异戊酯并且进行干燥。

如何对样品进行干燥处理是扫描电镜生物样品制备技术需要解决的一个关键问题。由于表面张力的作用，在自然干燥过程中样品的表面形貌受到破坏，所观察的二次电子像不能真实反映出样品表面的形态信息。为了避免表面张力的影响，通常采用临界点干燥方法对生物样品进行干燥处理。当液体和气体二相体系的温度和压力增大时，气体的密度逐渐升高，而液体的密度逐渐降低。待温度和压力增加至特定值时，气体和液体二相的密度相等，两相之间的界面消失，表面张力等于零，该体系处于临界点。此后继续增大压力，体系中气体不会转变成液体，从而可以达到干燥样品的目的。因此在临界状态下对样品进行干燥处理可以较好地保存样品的表面结构。

5. 粘贴样品：在样品托上涂抹少量导电胶，然后将样品粘贴上。

6. 离子溅射镀膜：将样品托插入离子溅射仪真空室样品台上，操作溅射仪，使样品表面覆盖一层 10～15 nm 厚的金属膜。

7. 观察拍照。

【实验报告】

1. 比较光镜与电镜工作原理的区别。

2. 分析扫描电镜与透射电镜的主要异同点。

第二章　细 胞 化 学

细胞化学(cytochemistry)技术是在保持细胞原有形态结构的基础上，利用已知的化学反应原位显示细胞内生物大分子(如核酸、蛋白质、酶和多糖等)，然后通过显微镜进行定性、定位、定量研究的科学，是细胞生物学的重要研究与实验技术。细胞化学与组织化学(histochemistry)密不可分，常常合在一起，称为组织与细胞化学。

细胞化学技术要求在制作标本时必须做到最大限度地保持样品的形态结构和细胞内化学成分及酶的活性不发生改变，显示成分的化学反应必须对将被显示的化学物质有高度特异性和高度灵敏性，反应所生成的产物要在原位沉淀、显色明显、不溶、不扩散，并具有可重复性。

本章主要介绍应用价值较大的核酸、糖类、脂类、蛋白质和酶的一些最基本的显示方法。

实验 7　核酸的细胞化学

核酸是细胞中的重要组分，主要包括 DNA 和 RNA。DNA 是遗传信息的载体，主要存在于细胞核中；RNA 传递 DNA 的遗传信息，指导细胞合成各种蛋白质。核酸的细胞化学研究已有近一个世纪的历史，1924 年 Feulgen 等发明了显示 DNA 的特异性反应，1940 年 Brachet 发明了甲基绿-派洛宁染色方法用以区别细胞中的 DNA 和 RNA。这些经典方法目前仍被广泛应用，并得到不断改进和发展。研究细胞中核酸的含量及其动态变化，对于理解生长、发育、分化及凋亡等生物学基本问题具有重要的价值。

7-1　福尔根(Feulgen)反应

【目的要求】

学习福尔根反应的原理及操作步骤，了解细胞中 DNA 的分布。

【实验原理】

福尔根反应由 Feulgen 和 Rossenbeck 于 1924 年创立，是特异性显示 DNA 的最经典方法，它主要包括 DNA 水解和显色两个反应步骤。DNA 在 60℃条件下经稀酸(1 mol/L HCl)水解，分子中的嘌呤碱基与脱氧核糖间的糖苷键断裂，在脱氧核糖的一端形成游离的醛基，这些醛基在原位与 Schiff's 试剂(无色品红亚硫酸溶液)反应，形成紫红色的化合物，因此，细胞内含有 DNA 的部位会呈现紫红色阳性反应。福尔根反应既可进行 DNA 定位显示，又可用显微分光光度计进行定量分析。

福尔根反应对组织中 DNA 的检测具有高度专一性。组织中除 DNA 外还有多糖、RNA 和其他自由醛基(free aldehyde)，固定液也可能产生一些醛基。但是，自由的醛基可以被盐酸酸解消除，绝大多数 RNA 经 1 mol/L 盐酸在 60℃下处理会降解为可溶性成分，

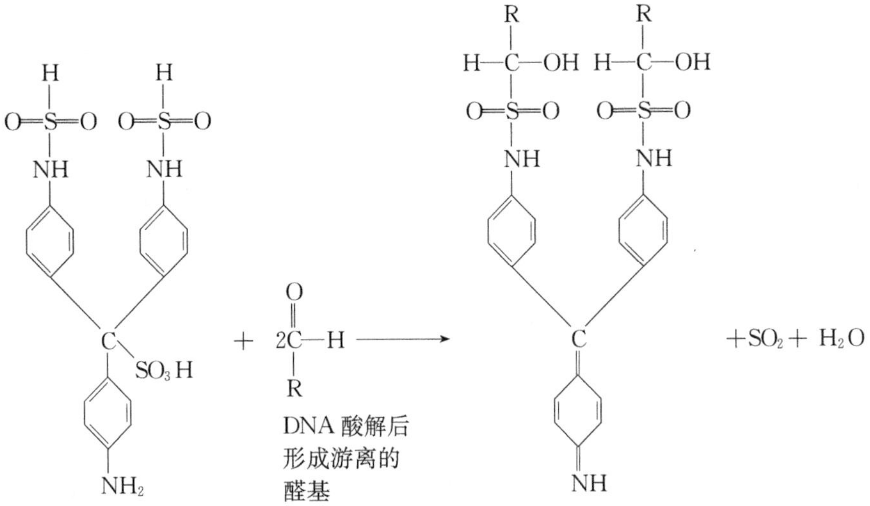

Schiff's 试剂 + $2RCHO$（DNA 酸解后形成游离的醛基）⟶ 紫红色化合物 + SO_2 + H_2O

而多糖在此反应条件下则不会产生裸露的醛基。对用戊二醛固定的材料，组织中可能含有较多的醛基，但在染色前经硼氢化钠处理可将其破坏掉。只有 DNA 发生不完全水解并暴露出醛基，醛基与 Schiff's 试剂反应才生成紫红色的产物。

【实验用品】

1. 器材：冰箱、切片机、烘箱、染色缸、水浴锅、载玻片、盖玻片。

2. 试剂

(1) 1 mol/L HCl：取 82.5 mL 浓盐酸，加蒸馏水至总体积 1 000 mL。

(2) 10%偏重亚硫酸钠

(3) Schiff's 试剂配制：100 mL 蒸馏水煮沸，加入 0.5 g 碱性品红，搅拌溶解，溶液为红色。待溶液冷却至 50℃时过滤，加入 10 mL 1 mol/L HCl，摇动；继续冷却至 25℃，加 1.0 g 偏重亚硫酸钠(sodium bisulfite)，摇匀。室温暗处保存24 h，直到溶液变成淡黄色或近于无色。此时碱性品红已转化为无色品红衍生物，这一溶液称为 Schiff's 试剂。如果急用，加几粒活性炭，摇匀后过滤。密封瓶口，放冰箱保存。

$$Na_2S_2O_5 + HCl \longrightarrow NaCl + H_2SO_3 + SO_2$$

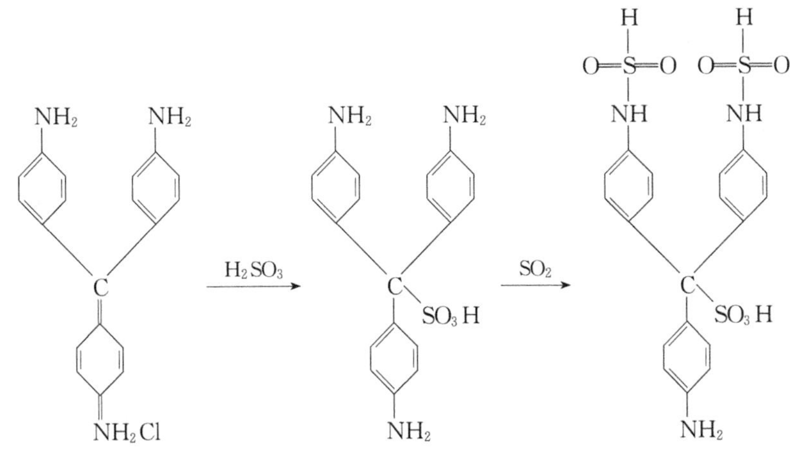

碱性品红 $\xrightarrow{H_2SO_3}$ $\xrightarrow{SO_2}$ Schiff's 试剂

(4) 漂洗液配制

10%偏重亚硫酸钠	5 mL
1 mol/L 盐酸	5 mL
蒸馏水	90 mL

此溶液用时新鲜配制。配制漂洗液与配制 Schiff's 试剂所用偏重亚硫酸钠必须一致。

(5) 0.5%亮绿水溶液

3. 实验材料：小鼠肝切片，洋葱内表皮。

【方法与步骤】

1. 染色步骤

1) 切片经二甲苯脱蜡，再经各级乙醇至蒸馏水。

2) 冷 1 mol/L HCl 1 min，60℃ 1 mol/L HCl 水解 8 min，1 mol/L HCl 片刻，蒸馏水洗。

3) 放入 Schiff's 试剂中作用 30～60 min，随时检查显色程度。

4) 新配制漂洗液洗三次，每次 2 min，以除去多余的非特异性颜色。

5) 自来水冲洗。

6) 0.5%亮绿复染 30 s。

7) 逐级乙醇脱水，二甲苯透明，树胶封片。

注：以洋葱内表皮为实验材料进行实验时，省去步骤 1)，将适当大小的洋葱内表皮(约 1 mm^2 见方，过大时不利于铺片)直接投入 HCl 中进行处理，染色完成后，将洋葱内表皮铺展在载玻片上观察即可。

2. 对照实验

省去 1 mol/L HCl 水解的步骤，其他步骤相同。

3. 实验结果

显微镜下，小鼠肝细胞的细胞核呈紫红色。细胞质部分被亮绿复染成绿色。

用此方法检测到的是 DNA 的原位反应，根据颜色的深浅和多少，也可判断 DNA 的相对含量。

7-2 甲基绿-派洛宁染色(methyl green-pytonin staining)

【实验原理】

甲基绿属于三芳基甲烷，芳环的对位上有氨基，甲基连在 N 原子上，两个 N 原子上分别连着 2 个甲基，一个 N 原子上有 3 个甲基。派洛宁是氧杂蒽衍生物，也是碱性染料。pH4.6 时甲基绿与派洛宁跟核酸发生竞争性结合，甲基绿与 DNA 双螺旋外侧的磷酸根基团结合力强，结合后阻止派洛宁从碱基之间插入。甲基绿与 DNA 的结合产物呈绿色。派洛宁与 RNA 的结合力强，RNA 结构较松散，派洛宁可以插入，从而中和磷酸基团，阻止甲基绿染色，派洛宁与 RNA 的结合物呈红色。根据颜色的部位可以判断 DNA 和 RNA 的定位并且判断两种核酸的相对含量。这一反应对 pH 敏感，脱水过程、染料的纯度和染料的结合力都影响到染色效果。

甲基绿　　　　派洛宁

【实验用品】

1. 试剂

(1) 0.2 mol/L、pH4.8 的醋酸盐缓冲液的配制

A 液：1.2 mL 冰醋酸用水稀释到 100 mL。

B 液：醋酸钠($NaAc \cdot 3H_2O$)2.75 g 溶于 100 mL 蒸馏水中。

使用时 A 液和 B 液按 2∶3 比例混合。

(2) 甲基绿-派洛宁染液的配制

A 液：	5%派洛宁水溶液	17.5 mL
	2%甲基绿水溶液	10 mL
	蒸馏水	250 mL

B 液：0.2 mol/L、pH4.8 的醋酸盐缓冲液。

应用时，A 液与 B 液等量混合，混合液可以保存一周，不宜存放太久。

由于甲基绿中总含有少量甲基紫，如不除去，会影响染色效果。纯化甲基绿的方法是，先将甲基绿倒入分液漏斗中，加入氯仿，用力摇匀，然后静置，弃去溶有甲基紫的氯仿，再换入新氯仿。如此反复几次，直到氯仿无甲基紫的颜色为止，干燥之后备用。

(3) 5%三氯醋酸

(4) 0.1% RNA 水解酶

2. 材料：大鼠肝印片或蟾蜍血涂片。

【方法与步骤】

1. 大鼠肝印片

1) 大鼠肝印片，稍干后固定于冷 Carnoy 固定液中1～4 h。

2) 70%乙醇冲洗，下行入水。

3) 甲基绿-派洛宁染液染色 90 min，丙酮分色 30 s(视组织而定)。

4) 1/2 丙酮+1/2 二甲苯，观察分色是否合适。二甲苯透明，加拿大树胶或中性树胶封存。

染色结果：细胞核呈绿色或蓝绿色，细胞质及核仁呈粉红色。

对照实验：对照标本在染色前，先用以下三种方法的任何一种对核酸进行提取，则染色应为阴性反应。

① 置于 90℃ 5%三氯醋酸 15 min，水洗后染色。

② 置于 60℃ 1 mol/L HCl 3 h，水洗后染色。

③ 置于 0.1% RNA 水解酶 37℃ 10～15 min，水洗后染色。

2. 蟾蜍血涂片

1) 蟾蜍血涂片，干燥后入 70%乙醇溶液固定 10 min，晾干。

2) 滴染液于血膜上,染 15 min。

3) 蒸馏水冲洗。

4) 95%乙醇溶液分色,晾干,封片。

【实验报告】

1. 简述 Feulgen 反应和甲基绿-派洛宁染色的原理。

2. 比较核酸的上述两种显示方法的优点,分析在实验和研究中如何对它们进行选择。

实验 8　糖类的细胞化学

8-1　糖原的显示——过碘酸 Schiff's 反应(PAS 反应)

【目的要求】

通过 PAS 反应,了解糖原显示的基本原理、方法以及糖原在细胞中的分布。

【实验原理】

过碘酸 Schiff's 反应(periodic acid schiff's reaction,PAS 反应)由 McManus 于 1946 年在 Feulgen 反应的基础上发展而来,是显示糖原的最经典、也是最直接的细胞化学方法。该反应首先由强氧化剂过碘酸将多糖中葡萄糖的乙二醇基(CHOH—CHOH)氧化成两个游离醛基(—CHO),然后,游离醛基再与 Schiff's 试剂反应生成紫红色产物,颜色深浅

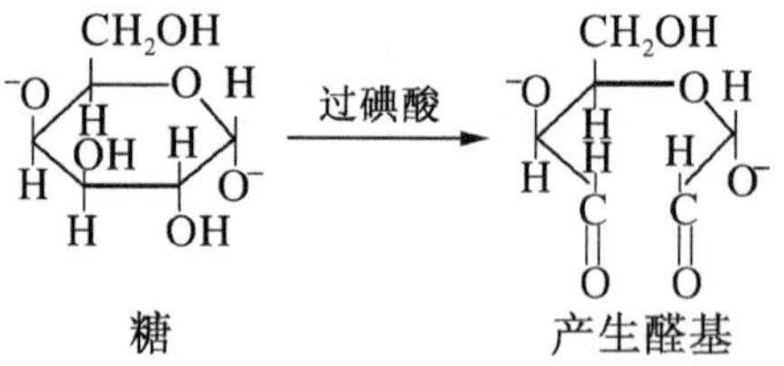

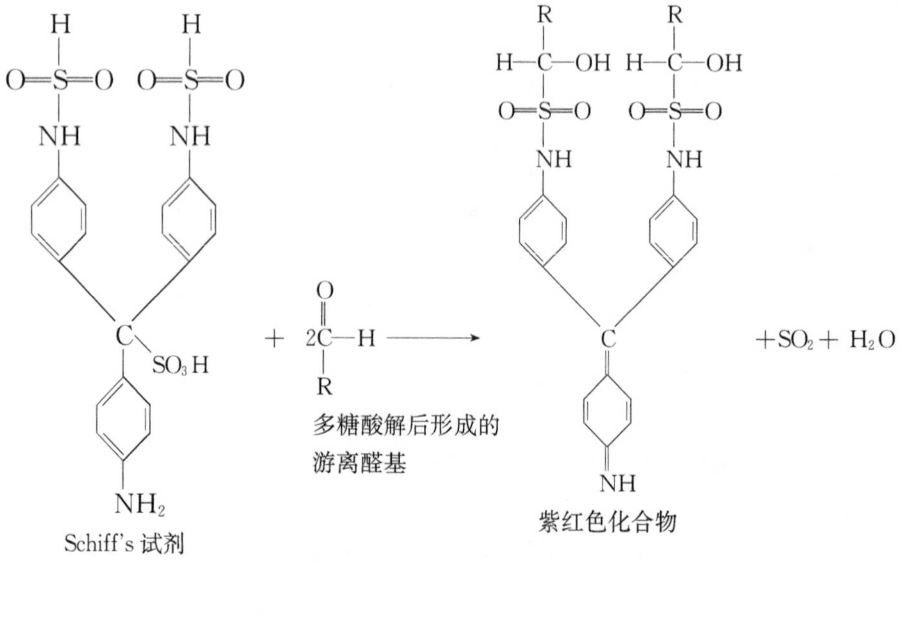

糖 —过碘酸→ 产生醛基

Schiff's 试剂 + $2R{-}CHO$(多糖酸解后形成的游离醛基) → 紫红色化合物 $+ SO_2 + H_2O$

与多糖含量成正比。由于单糖在固定、脱水和包埋等组织化学操作过程中被抽提掉，故一般组织标本上所能显示的糖类主要是多糖，包括糖原、黏多糖、黏蛋白、糖蛋白、糖脂、淀粉和纤维素等，它们都是由 *D*-葡萄糖的分支或直链组成，因此要确定此红色物质是否是糖原还需要同时进行对照实验。糖原可被唾液淀粉酶水解，先用唾液淀粉酶作用再进行PAS 显色，若反应为阴性，则表明是糖原，反之则为其他多糖。糖原在动物组织中分布广泛，尤其是肝和肌肉中最为丰富，其含量的变化可以直接反映机体的代谢与生理状况。

【实验用品】

1. 器材：石蜡切片机、盖玻片、载玻片、染色缸等。

2. 试剂

(1) 0.5%过碘酸溶液(periodic acid solution)

(2) Schiff's 试剂(见实验 7)

3. 材料：甘薯块根、马铃薯块茎和小鼠肝石蜡切片。

【方法与步骤】

1. 染色过程

1) 小鼠肝、马铃薯或甘薯石蜡切片在二甲苯中脱蜡 10 min。

2) 逐级浓度乙醇复水，每级乙醇停留 2～5 min，直至蒸馏水。

3) 入 0.5%过碘酸溶液作用 5～15 min。

4) 蒸馏水冲洗。

5) 入 Schiff's 试剂作用 15～30 min。

6) 新配制的漂洗液洗 3 次，每次 1～2 min，以除去多余的无色品红。

7) 自来水冲洗直到切片变红色。

8) 用 95%和 100%乙醇脱水。

9) 二甲苯透明，封片，镜检。

2. 对照实验

淀粉酶(磷酸盐缓冲液 pH4.2～5.3 配成 1% 淀粉酶溶液)消化30～60 min 或用过滤的唾液消化 1 h 以除去糖原，再入染色液。

3. 实验结果

糖原、黏多糖、黏蛋白 PAS 反应均为阳性，呈红色；对照实验 PAS 反应为阴性。

8-2 阿新蓝-PAS 法显示酸性、中性黏多糖

【目的要求】

1. 了解多重染色显示不同物质的方法、原理和操作步骤。

2. 观察酸性黏多糖、中性黏多糖的分布。

【实验原理】

动物组织内的大量碳水化合物可以分为简单多糖和黏液物质两大类。其中黏液物质成分较为复杂，包括中性黏多糖、酸性黏多糖、黏蛋白、糖蛋白、糖脂等多种成分。pH2.6 时，AB(alcian blue，阿新蓝)主要对酸性黏多糖着色，PAS 反应主要显示中性黏多糖，将 AB 和 PAS 相结合便能根据所显颜色不同比较好地反映黏液细胞中酸性黏多糖和中性黏多糖的含量变化，区别不同类型的黏液细胞。

【实验用品】

1. 器材：染色缸、显微镜。

2. 试剂

(1) 阿新蓝染液(pH2.6)：阿新蓝 1 g 溶于 100 mL 3%的醋酸溶液中。

(2) 1%过碘酸水溶液

(3) Schiff's 试剂：配制方法与福尔根反应相同。

(4) 苏木精染液：苏木精 2 g 溶于 100 mL 95%乙醇溶液中，再加入 3 g 钾矾、100 mL 甘油、10 mL 冰醋酸及 200 mL 蒸馏水。

3. 实验材料：小鼠小肠石蜡切片。

【方法与步骤】

1. 小鼠小肠石蜡切片放入二甲苯中脱蜡两级，每级 3～5 min。

2. 切片逐级放入 100%、95%、80%、70%、50%的乙醇溶液中进行复水，每级 3～5 min，最后放入蒸馏水中 3 min。

3. 切片放入阿新蓝中染色 5 min。

4. 蒸馏水冲洗。

5. 1%的过碘酸处理 10～15 min。

6. 蒸馏水充分冲洗后入 Schiff's 试剂作用 10～15 min。

7. 取出后充分冲洗，苏木精复染，乙醇脱水，二甲苯透明，树胶封片。

8. 镜检。

【实验报告】

1. 比较 Schiff's 试剂在 PAS 反应和福尔根反应中显示不同成分的主要原理。

2. 讨论 PAS 反应和 AB-PAS 反应在研究中的应用价值。

实验 9 脂类的细胞化学

脂肪是体内储存能量和供给能量的重要物质，根据其性质可分为中性脂肪、脂肪酸、胆固醇、鞘磷脂等。很多细胞都含有脂肪，游离状态的脂肪呈小滴状悬浮于细胞质内，比较显著的如肝细胞。脂肪小滴可以集合，将细胞质及细胞核挤到一旁，如脂肪细胞。若组织细胞中脂肪过多，将会影响其正常功能。例如，脂肪肝就是由于肝细胞中脂肪过量造成的。

脂肪不溶于水，易溶于浓乙醇、苯、氯仿和乙醚等，因此制作脂类标本一般不用石蜡切片，而用冰冻切片或铺片法以保存脂类。固定多用甲醛类固定液。其染色方法有脂溶性染料显示法、化学显示法和特异染色法等。脂溶性染料显示法利用苏丹染料中的苏丹Ⅲ、苏丹Ⅳ或苏丹黑等溶于脂类，而使脂类显色的原理显示脂类，使用时，要注意选择溶剂，要求既要溶解苏丹染料，又不溶解脂肪。

【目的要求】

熟悉脂肪显示技术，了解脂肪在细胞中的分布。

【实验原理】

苏丹染料是偶氮染料，它对脂类的显示是一种简单的物理变化。苏丹染料是一种脂溶性染料，易溶于乙醇但更易溶于脂肪，所以当含有脂肪的标本与苏丹染料接触时，苏丹染料即脱离乙醇而溶于该含脂结构中而使其显色。

应用苏丹染料显示脂类已有很长的历史，1896 年 Daddi 最早使用苏丹Ⅲ(Sudan Ⅲ)显示脂肪。苏丹Ⅲ是可溶于脂肪的染料，其 70%乙醇饱和液或丙酮和 70%乙醇等量饱和液，可将脂肪染为橙红色。苏丹Ⅲ分子结构如下。

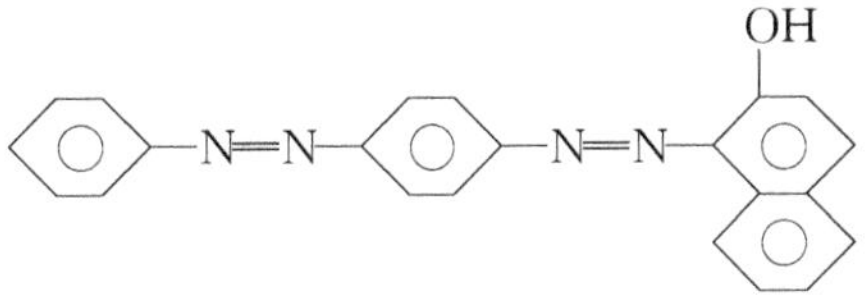

1901 年 Michaelis 引入了苏丹Ⅳ，苏丹Ⅳ也是脂溶性脂肪染料，由于比苏丹Ⅲ分子多了两个甲基，所以着色较快。苏丹Ⅳ的 70%乙醇饱和溶液将脂肪染成红色。苏丹Ⅳ的结构如下。

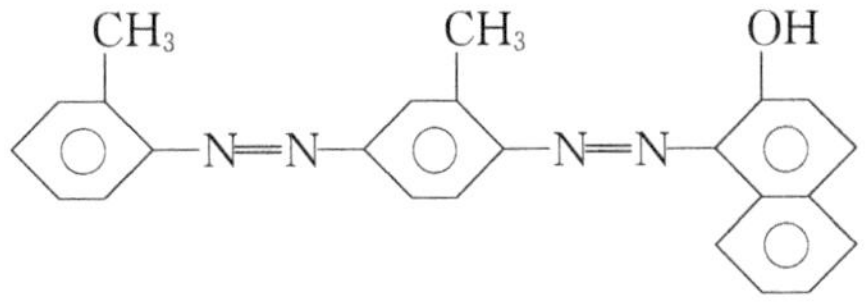

1926 年 Frech 推荐使用油红 O (Oil red O)作为新的脂溶性脂肪染料，油红 O 比苏丹Ⅲ和苏丹Ⅳ疏水性更强，染色更红，所以现在苏丹Ⅲ和苏丹Ⅳ正在被油红取代。油红 O 分子结构如下。

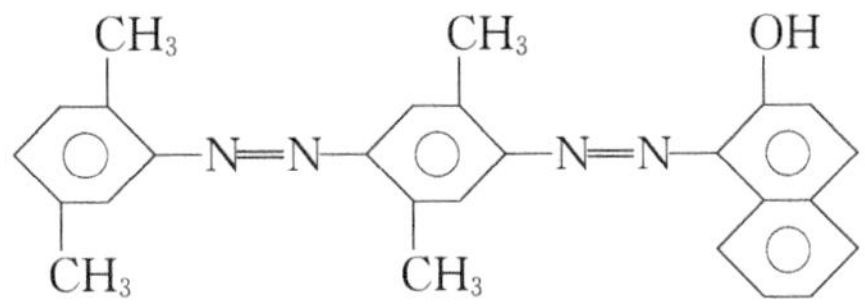

1935 年 Lison 和 Dagnele 引入苏丹黑 B(Sudan black B)。苏丹黑 B 是所有脂类染料中最敏感的，染色效果极佳，它将脂肪染成黑色。苏丹黑 B 分子结构如下。

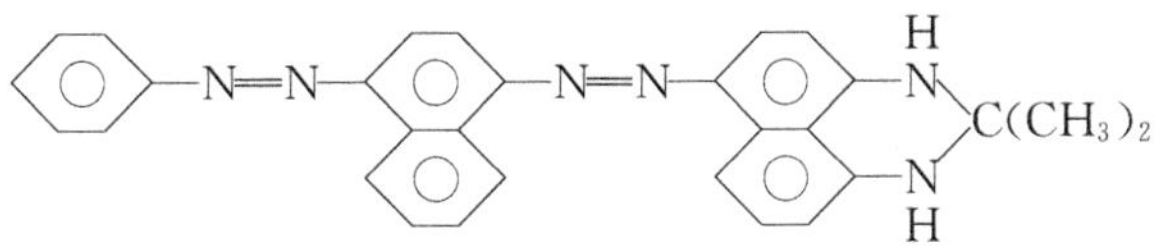

苏丹Ⅲ、苏丹Ⅳ和油红 O 要用有机溶剂做溶剂。丙酮和乙醇对染料和脂肪都是很好的溶剂，这样可以染色大的脂肪积累块，但小的脂肪滴会溶解。用 60%异丙醇(isopropanol)当溶剂，可减轻脂类溶解。丙二醇(propylene glycol)或磷酸三乙酯(triethyl phosphate)不会溶解脂类物质，但能溶解染料，是比较理想的溶剂。用这些溶剂配的染料溶液要过滤以去掉沉淀，防止蒸发，因蒸发会引起染料在材料中积累。常用相同溶剂洗掉多余的染料，然后再用水洗，可以防止多余的染料在材料中沉淀。

【实验用品】

1. 器材：水浴锅、冰冻切片机、载玻片等。

2. 试剂配制

(1) 苏丹黑B染液

苏丹黑B	0.5 g
70%乙醇	100 mL

(2) 油红O染液

油红O	0.5 g
70%乙醇	100 mL

(3) 苏丹Ⅳ染液

苏丹Ⅳ	0.2 g
70%乙醇	100 mL

(4) 苏丹Ⅲ染液

苏丹Ⅲ	0.2 g
70%乙醇	100 mL

(5) 10%中性福尔马林(pH7.2):0.2 mol/L Na_2HPO_4 72 mL,0.2 mol/L NaH_2PO_4 28 mL,福尔马林 20 mL,加双蒸水至 200 mL。

3. 材料:猪(大鼠)肝、花生子叶和小鼠肠系膜。

【方法与步骤】

1. 小鼠肠系膜铺片法

1) 处死小鼠,打开腹腔,取出消化道,将小鼠肠系膜平铺于盖玻片上。

2) 稍干后,固定于10%中性福尔马林中 30 min。

3) 水洗 2~5 min。

4) 过渡于50%乙醇至70%乙醇溶液片刻。

5) 放入苏丹Ⅲ染液中56℃水浴(或温箱)染色 30 min。注意容器必须盖好,以免乙醇挥发,染料沉淀。

6) 放入70%乙醇溶液中洗涤 5~10 s。

7) 蒸馏水洗 1 min。

8) 苏木精染液复染 2~5 min。

9) 自来水冲洗,明胶封固,镜检。

实验结果:细胞核呈蓝色,脂肪为橙红色。

2. 大鼠肝组织

1) 处死动物,打开腹腔,取出肝脏,肝上取 3 mm 厚的一小块组织,固定于10%的中性福尔马林溶液中 24 h。

2) 用恒冷箱式冷冻切片机切片,厚度 10~15 μm,将切片直接吸附于干净的载玻片上,在室温下自然晾干。切片入蒸馏水浸洗 2~3 次后进行染色。

3) 希氏(Ehrlich's)苏木精染色 2~5 min。

4) 用自来水冲洗浮色 2~5 min,如果染色很深,用1%盐酸乙醇分色,再经自来水蓝化 5 min,色度合适后浸入蒸馏水。

5) 将切片浸入70%乙醇 2~3 min,再放入苏丹Ⅲ饱和乙醇液内 30 min 或更长时间(50℃烘箱内),将染色缸盖盖紧,防止乙醇挥发。

6）切片用70%乙醇浸洗2～5 min，再用蒸馏水浸洗2～5 min。

7）用甘油明胶封固，光镜观察。

实验结果：脂肪细胞呈橙红色，胆脂素呈淡红色，脂肪酸无色，细胞核呈蓝色。

【实验报告】

1. 比较分析几种苏丹染料染色的特点，在用其他染料复染细胞核时，如何选择苏丹染料？

2. 分析影响脂肪染色的关键因素。

实验10　蛋白质的细胞化学

蛋白质是细胞中重要的结构与功能成分，是生命活动的体现者。目前对于细胞中蛋白质成分的显示方法主要分为非特异性显示和特异性显示两大类。蛋白质的非特异性染色方法主要是利用某些染料与蛋白质的氨基酸残基结合，产生颜色反应对蛋白质进行显示。这种对蛋白质直接染色的细胞化学方法并不多，且特异性不强。目前，应用更为广泛的方法是利用免疫学抗原抗体反应的原理，观察标记的特异性抗体与蛋白质在细胞内的原位反应，显示某种特异蛋白在细胞内的定性、定位，此类技术统称为免疫细胞化学技术。其本质是蛋白质抗原与特异性抗体的相互作用。由于抗原抗体的相互作用具有高度特异性，因此此类反应灵敏度高，特异性强，应用范围广泛。

10-1　考马斯亮蓝法显示细胞中的微丝

【目的要求】

1. 掌握考马斯亮蓝染色方法。

2. 了解细胞内微丝的分布。

【实验原理】

细胞胞质中错综复杂的纤维状网络结构称为细胞骨架，主要包括微管、微丝和中间纤维。考马斯亮蓝R250是一种普通的蛋白质染料，它可以使多种细胞骨架蛋白质着色，由于有些细胞骨架纤维在该实验条件下不够稳定，有些类型的纤维太细，在光学显微镜下无法分辨，因此我们看到的主要是微丝组成的张力纤维。张力纤维在体外培养细胞中普遍存在，与细胞的附着、维持扁平铺展的形状有关。

【实验用品】

1. 器材：显微镜、载玻片、染色缸、青霉素小瓶等。

2. 试剂配制

(1) 0.2 mol/L Na_2HPO_4/KH_2PO_4 缓冲液(pH7.3)

0.2 mol/L Na_2HPO_4	77 mL
0.2 mol/L KH_2PO_4	23 mL

(2) 0.01 mol/L PBS

0.2 mol/L Na_2HPO_4/KH_2PO_4 缓冲液(pH7.3)	50 mL
NaCl 0.15 mol/L	
重蒸馏水至1 000 mL	

(3) M-缓冲液

咪唑(imidazole, pH6.7)	50 mmol/L
KCl	50 mmol/L
$MgCl_2$	0.5 mmol/L
EGTA	1 mmol/L
EDTA	0.1 mmol/L
巯基乙醇(mercaptoethanol)	1 mmol/L
甘油	4 mmol/L

用 1 mol/L HCl 调 pH 至 7.2。

(4) 1%的 Triton X-100/M-缓冲液:Triton X-100 1 mL,M-缓冲液 99 mL。

(5) 0.2%考马斯亮蓝 R250 染液:甲醇 46.5 mL,冰醋酸 7 mL,蒸馏水46.5 mL。

(6) 3%戊二醛-PBS 溶液:25%戊二醛溶液 3 mL,0.01 mol/L PBS (pH7.2) 97 mL。

3. 材料:细胞培养飞片或洋葱内表皮。

【方法与步骤】

1. 细胞培养飞片或洋葱内表皮用 PBS 液轻轻漂洗。

2. 用 1% Triton X-100/M-缓冲液处理 15 min,室温或 37℃均可。

Triton X-100 是非离子型表面活性剂(去污剂),能增加细胞膜通透性并抽提部分杂蛋白质,使骨架图像更清晰。

3. M-缓冲液轻轻洗细胞 3 次,M-缓冲液有稳定细胞骨架的作用。

4. 3%戊二醛-PBS 液固定细胞 5~15 min。

5. PBS 液洗细胞若干次,用滤纸吸干。

6. 0.2%考马斯亮蓝 R250 染色 30 min,小心用水漂洗,空气干燥,封片(洋葱内表皮铺展于载玻片上),观察。

用普通光学显微镜观察,可见到深蓝色的纤维束,粗细不等,基本上平行排布。张力纤维是一动态结构,在充分贴壁铺展的细胞中纤维挺直、丰富,形态比较典型。当将贴壁培养的细胞从基质表面除下时,细胞变圆,张力纤维随之消失。

【实验报告】

1. 绘出所观察到的细胞张力纤维图像。

2. 总结实验过程,分析本实验技术在研究中的应用价值。

10-2 免疫荧光标记法显示细胞中的微管

【目的要求】

1. 观察细胞微管骨架的结构。

2. 学习利用免疫荧光法显示细胞中微管的原理与主要过程。

【实验原理】

微管(microtubule)是真核细胞所特有的并广泛存在的结构,是由管蛋白 α、β 异二聚体和少量的微管结合蛋白所构成的管状纤维。微管可以单管、二联管和三联管三种形式存在于细胞中,其中胞质中的微管、纺锤丝等结构主要以单管形式存在。免疫荧光标记法显示微管可以通过抗微管蛋白 α 亚基的单克隆抗体与微管的特异性结合,再通过荧光标

记的二抗与一抗的特异性结合对细胞中的微管进行原位显示。

【实验用品】

1. 器材：荧光显微镜，CO_2 培养箱，超净工作台，飞片，湿盒(不透光)，载玻片，封口膜、小平皿等。

2. 试剂

(1) 一抗：鼠抗微管蛋白α亚基的单克隆抗体。

(2) 二抗：FITC 标记的羊抗鼠 IgG 抗体。

(3) PBS(pH 7.4)配方：K_2HPO_4 1.392 g，$NaH_2PO_4 \cdot H_2O$ 0.276 g，NaCl 8.770 g 先溶于 900 mL 蒸馏水，然后用 0.01 mol/L KOH 调 pH 7.4，并补足蒸馏水至 1 000 mL。PBS-t(含 0.1%的 Tween-20 的 PBS)，3.7%多聚甲醛(PBS 配制)，0.1%TritonX-100 (PBS 配制)。

3. 实验材料：体外培养的 HeLa 细胞飞片。

【方法与步骤】

1. 培养细胞传代时加入飞片，当飞片上细胞融汇度达 50%～70%时，取出飞片，放入小平皿中，用 37℃的 PBS 冲洗 3 次。

2. 用 3.7% 多聚甲醛室温固定 15～20 min，固定结束后用 PBS 进行冲洗，冲洗 3 次每次 5 min。

3. 用 37℃的 0.1%TritonX-100 处理 5 min，以增加细胞通透性，用 PBS 进行冲洗，冲洗 3 次每次 5 min。

4. 在洁净的载玻片上放一适当大小的封口膜，在其上滴加适量鼠抗微管蛋白α亚基的单克隆抗体(30～50 μL，其稀释倍数参见产品说明书)，将飞片有细胞的一面向下置于一抗溶液中，湿盒中 37℃孵育 30～45 min。

5. 取出玻片后用 PBS-t 冲洗，冲洗 3 次每次 5～10 min。

6. 加入 30 μLFITC 标记的二抗溶液，将飞片有细胞一面向下浸入二抗溶液(稀释倍数见产品说明书)，湿盒中 37℃避光孵育 30 min。

7. 取出玻片后用 PBS-t 冲洗，冲洗 3 次每次 5～10 min。

8. 滴一滴含抗淬灭剂的封片液于载玻片上，将飞片有细胞一面向下，封片，荧光显微镜镜检。

9. 对照片的设置：将步骤 4 中所用的鼠抗微管蛋白α亚基的单克隆抗体，代之以等量 PBS，其余步骤相同。

注：

1) 实验中所需抗体的稀释比例需在产品说明书所提供的基础上通过预实验进一步确定最适浓度。

2) 实验过程中必须保证飞片的湿润状态。

3) PBS 漂洗要充分，防止非特异性反应。

4) 实验过程中要注意设置阴性对照。

5) 实验结束后尽快观察，防止荧光淬灭。

【实验报告】

1. 绘图表示微管在细胞内的分布情况。

2. 说明实验过程中的关键操作，并对实验中出现的问题进行分析。

实验 11　酶的细胞化学

酶是生物催化剂,它催化体内各种生物化学反应,其本质是蛋白质。酶具有高度特异性,酶细胞化学就是利用酶催化的生物化学反应的中间产物或终产物,使某些试剂产生颜色变化,从而间接显示酶的位置和活性强弱。20 世纪 40 年代高松(Takamatsu)和 Gomori 等在磷酸酶方面的出色工作标志着酶细胞化学的诞生,几十年来随着固定技术和冷冻切片技术的不断改进,酶细胞化学取得了令人瞩目的成就,得到了非常广泛的应用。

酶的显示方法很多,根据反应原理,主要包括金属盐沉淀法、偶氮偶联法、吲哚酚法、四唑盐法和底物标记法等。

1. 金属盐沉淀法:酶的活性可使孵育底物分解,其生成的基团与金属离子结合而沉淀,最后使酶的活性所在处形成不溶性的有色沉淀。金、银、铜、铁、钴等金属及其化合物都具有颜色,容易发生显色反应。

2. 偶氮偶联法:酶使底物(萘酚化合物)分解,萘酚释放,后者与重氮盐(重氮盐是芳香族胺与亚硝酸的反应产物经重氮化作用过程形成)结合形成不溶性的偶氮色素,其显示处即为酶的活性所在。

3. 吲哚酚法:酶活性促使吲哚酚释放吲哚基,后者很快被氧化为不溶性靛蓝产物。

4. 四唑盐法:底物被某些氧化酶或脱氢酶氧化脱氢,产生的氢离子传递给四唑盐,后者被还原形成有色沉淀物。四唑盐有两种:一种是双四唑盐,如 NBT(nitroblue tetrazolium,硝基蓝四唑)还原后生成的沉淀不溶于脂肪;另一种是单四唑盐,如 MTT [3(4,5 - dimethyl thiazoyl - 2)- 2,5 diphenyl - 2H - tetrazolium bromide,溴化 3 -(4,5 -二甲基噻唑- 2)- 2,5 -二苯基四氮唑],还原后生成的有色的细颗粒能溶于脂肪。

5. 底物标记法:用同位素、色素、金属标记酶的底物,在酶的作用下,底物分解后沉淀于酶所在部位,通过各种方法对此进行检测。

酶细胞化学实验过程中,酶活性的保存是最关键的问题。温度对酶活力影响很大,高于 37℃时酶往往失去活性,因此显示酶常用新鲜组织的冰冻切片(也可先固定然后进行冰冻切片)或临时制片的方法。pH 对酶活性影响也很大,所以酶的作用液常选用适合酶活性发挥的一定 pH 的缓冲液来配制。固定液对酶也有影响,酶细胞化学一般选用较温和的固定液。

11 - 1　碱性磷酸酶的显示

【目的要求】

1. 了解偶氮偶联法显示碱性磷酸酶的原理及操作步骤。

2. 观察碱性磷酸酶在组织中的分布。

【实验原理】

碱性磷酸酶(alkaline phosphatase,ALP)可以催化多种醇和酚的水解,还具有磷酸转移作用,广泛分布于转运活跃的细胞膜上,如毛细血管内皮细胞、肾近曲小管刷状缘、肠上皮微绒毛、神经细胞的突触、肝内毛细胆管均有大量分布。

显示碱性磷酸酶的方法包括金属盐沉淀法和偶氮偶联法,本实验介绍偶氮偶联法。

在碱性条件下(pH9)碱性磷酸酶使孵育液中的α-萘酚磷酸盐水解生成α萘酚，后者被重氮盐捕捉，生成红色的重氮色素沉淀。

OPO_3Ca　　H_2O　　OH

碱性磷酸酶 pH9　　+ $CaHPO_4$

α-萘酚磷酸盐　　α萘酚

ClN≡N

α-氯化重氮萘

N=N

OH

红色的偶氮色素(不溶性)

【实验用品】

1. 器材：冰冻切片机、染色缸、显微镜、载玻片和盖玻片等。

2. 试剂

(1) 孵育液

α-萘酚磷酸钠	10～25 mg
溶于 N-N 二甲基甲酰胺溶液	0.5 mL
0.2 mol/L Tris 盐酸缓冲液(pH8.9～9.2)	50 mL
坚牢蓝 B	50 mg

混合后过滤立即使用，必要时可用氢氧化钠调整 pH 至 9。

(2) Tris 盐酸缓冲液：50 mL 0.1 mol/L 三羟甲基氨基甲烷(Tris)溶液与 5.7 mL 0.1 mol/L盐酸混匀后，加水稀释至 100 mL，即成 pH 9.0 Tris 盐酸缓冲液。

3. 材料：小鼠肾。

【方法与步骤】

1. 新鲜肾组织进行冰冻切片。
2. 入孵育液 20～30 min。
3. 蒸馏水冲洗 3～5 min。
4. 甲基绿复染细胞核。
5. 水洗后甘油明胶封片。

结果观察：细胞质中的碱性磷酸酶被染成紫蓝色，细胞核为绿色。

11-2　酸性磷酸酶的显示

【目的要求】

1. 了解金属盐沉淀法显示酸性磷酸酶的原理及操作步骤。

2. 观察酸性磷酸酶在组织中的分布。

【实验原理】

酸性磷酸酶(acid phosphatase,ACP)是溶酶体的标志酶。在溶酶体膜完整时,底物不易渗入,ACP活力微弱或无活性。经固定,在一定的pH条件下,膜的稳定性发生改变,其渗透性加大,底物可以渗入细胞内,酶的活力便可以显示出来。

显示酸性磷酸酶的方法包括金属盐沉淀法和偶联偶氮法,本实验为金属盐沉淀法。其原理是:在酸性条件下(pH4.7),酸性磷酸酶可使作用液中的底物β-甘油磷酸钠的磷酸根解离出来,与溶液中硝酸铅结合形成磷酸铅沉淀,该沉淀物无色,需要与硫化铵作用显示,生成棕黑色PbS沉淀,进而显示该酶的活性。其主要反应过程如下。

$$\beta\text{-甘油磷酸钠} \longrightarrow \text{甘油} + PO_4^{3-}$$

$$PO_4^{3-} + Pb(NO_3)_2 \longrightarrow Pb_3(PO_4)_2 \downarrow$$

$$Pb_3(PO_4)_2 + (NH_4)_2S \longrightarrow PbS \downarrow \text{(棕黑色)}$$

【实验用品】

1. 器材:注射器、解剖用具、恒温水浴锅、载玻片、盖玻片。

2. 试剂

(1) 2%蛋白胨溶液:灭菌后使用。

(2) ACP作用液

0.2 mol/L醋酸缓冲液(配制方法同实验7.2)	22.5 mL
蒸馏水	67.5 mL
硝酸铅	0.1 g
3%β-甘油磷酸钠	10 mL

将0.2 mol/L醋酸缓冲液与蒸馏水混合(即将醋酸缓冲液稀释为0.05 mol/L),称取硝酸铅0.1 g溶于0.05 mol/L醋酸缓冲液中。逐滴加入3%β-甘油磷酸钠10 mL,边加边搅拌,以防产生絮状沉淀。

(3) 2%硫化铵溶液

3. 材料:小鼠腹腔液涂片。

【方法与步骤】

1. 实验前3 d用无菌注射器取已灭菌的2%蛋白胨溶液1 mL注射于小鼠腹腔内,每天1次,以激活巨噬细胞。

小鼠腹腔注射给药的方法:先用右手抓住鼠尾提起,稍稍旋转后,放在解剖盘上。用左手的拇指和食指捏住小鼠两耳及头颈皮肤,将鼠体置于左手心中,把后肢拉直,用左手的无名指和小指按住尾巴及后肢,即可在腹部后1/2处的一侧注射,进针勿过深,不超过1 cm为宜,进针后将药物缓慢推入,稍停顿一会拔出针头,轻按小鼠腹部使药物分散。

2. 颈椎脱臼处死小鼠,剖开腹腔,吸取腹腔液制备涂片。

3. 放入37℃ ACP作用液中30 min。

4. 蒸馏水漂洗。

5. 2%硫化铵溶液2~3 min。

6. 蒸馏水漂洗，脱水，透明，树胶封固，镜检。

对照实验：对照组的作用液中不加β-甘油磷酸钠，而以蒸馏水代替；或放入作用液之前先用高温（50℃）处理 30 min，使酶失去活性，作好标记，然后同时进行上述实验。

结果观察：细胞质中的酸性磷酸酶所在部位被染成棕色。

11-3 ATP 酶的显示

【目标要求】

1. 了解金属盐沉淀法显示 ATP 酶的原理与操作步骤。
2. 观察 ATP 酶在组织中的分布。

【实验原理】

ATP 酶存在于所有活细胞中，但不同发育时期的细胞 ATP 酶活性不同，同一细胞不同部位 ATP 酶活性也不同。

ATP 酶的显示采用金属盐沉淀法。在适宜条件下，ATP 酶作用于 ATP，使其分解形成 ADP 和磷酸根离子。磷酸根离子在酶活性部位迅速与铅离子作用产生磷酸铅沉淀。

【实验用品】

1. 试剂配制

(1) 10%福尔马林

(2) 1%硫化铵

(3) 孵育液

三磷酸腺苷二钠盐	10 mg
0.2 mol/L Tris-HCl 缓冲液（pH7.2）	10 mL
0.1 mol/L $MgSO_4$	2.5 mL
2%$Pb(NO_3)_2$	1.5 mL
蔗糖	1.8 g
双蒸水加至 25 mL	

配制时 $Pb(NO_3)_2$ 要逐滴加入，并随时搅拌，使充分混合至无色透明或过滤后使用。

2. 材料：小鼠肾脏。

【方法与步骤】

1. 小鼠肾脏组织，冰冻切片。
2. 冷 10%福尔马林固定 10～20 min。
3. 蒸馏水冲洗 2～3 min。
4. 入孵育液，37℃恒温孵育 10～60 min。
5. 蒸馏水冲洗 2～3 min。
6. 1%硫化铵 1 min。
7. 蒸馏水洗。
8. 甘油明胶封片。

以酶孵育液中不加三磷酸腺苷二钠盐和酶孵育液中加氟化钠为对照。

结果观察：细胞质中的 ATP 酶活性部位为黑色沉淀。

11－4　琥珀酸脱氢酶的显示

【目标要求】

1. 了解四唑盐法显示 SDH 的原理与操作步骤。

2. 观察 SDH 在组织中的分布。

【实验原理】

琥珀酸脱氢酶(Succinate dehydrogenase,SDH)是一种重要的脱氢酶,在三羧酸循环中催化琥珀酸脱氢形成延胡索酸,后者把硝基蓝四唑(NBT)还原为蓝色的甲臜。在组织化学反应中常用来反映三羧酸循环的情况。SDH 存在于所有有氧呼吸的细胞,与线粒体内膜牢固结合,这一特性使得 SDH 定位精确。SDH 对固定液很敏感,只能耐受冷福尔马林固定5～15 min,戊二醛可以完全抑制其活性。二甲基亚砜(DMSO)可以增强线粒体膜的通透性,从而使酶的作用加快,反应加深。

【实验用品】

1. 孵育液

0.1 mol/L 琥珀酸钠	5 mL
0.2 mol/L 磷酸缓冲液	5 mL
NBT	10 mg
DMSO	5 mL

NBT 先溶于 DMSO 中,然后加入琥珀酸钠及磷酸缓冲液中。

2. 福尔马林钙:福尔马林 10 mL,$CaCl_2$ 1 g,加 pH7.2 的 PBS 200 mL。

3. 材料:小鼠肝脏。

【方法与步骤】

1. 新鲜恒冷箱切片。

2. 入孵育液,37℃恒温孵育 15～35 min。

3. 生理盐水洗。

4. 福尔马林钙固定 10 min。

5. 放入 80%乙醇中 5 min。

6. 甘油明胶封固。

7. 对照:① 去底物。作用 15～35 min(视组织而定);② 在孵育液中加入 SDH 的竞争性抑制剂丙二酸钠(3.7 mg/mL)。

结果观察:酶活性所在部位显示为蓝紫色沉淀,对照阴性。

【实验报告】

1. 通过几种不同酶的细胞化学实验,比较金属盐沉淀法、偶氮偶联法和四唑盐法的优缺点。

2. 总结酶细胞化学的基本实验方法,分析与其他细胞化学方法的不同之处。分析在酶细胞化学实验中设置对照实验的重要性,总结对照实验的设置原则和主要方法。

第三章　细胞的分离与活性检测

细胞及细胞器的分离对于人们研究和认识细胞的精细结构和功能具有重要的意义，是基本的实验技术之一。通过选择合适的方法，研究者可以实现对单一类型细胞的分离分析或对特定细胞器的观察分析。无论是分离细胞还是细胞器，最基本的分离技术仍然是离心技术，包括密度梯度离心和差速离心，这也是目前使用最为广泛的技术之一。此外，随着新技术的不断出现，对细胞及细胞器分选的效率及特异性得到了极大的提高，如免疫磁珠结合抗体的分选使得细胞分离特异性更强，得率更高。对分离获得的细胞在进行进一步的功能研究之前往往需要了解其基本生长特性，因此，细胞计数、细胞死活鉴定也成为常用的基本实验技术，在此基础上，进行细胞活性的检测则需要根据不同细胞类型而进行有针对性实验检测。

实验 12　细 胞 的 分 离

【目的要求】

1. 了解细胞分离的常用方法和原理。
2. 掌握密度梯度法分离细胞的基本原理和操作步骤。

【实验原理】

人体内包含有 200 多种不同类型的细胞，当人们需要去研究单一的某一类型细胞的生长和发育等特性时，常常需要用到细胞分离技术。根据不同细胞的生化特性、表面标记分子、细胞活性及功能差异以及组织来源的不同，可供选择的细胞分离技术有很多种，常见的包括离心、密度梯度离心、免疫磁珠分选、尼龙棉粘附、贴壁与悬浮细胞的分选以及流式细胞仪分选等。而在上述实验技术方法中，最基础的细胞分离技术是密度梯度离心(density gradient centrifugation)。

不同类型的细胞其直径大小、密度都是不一样的，因此在同样的离心场内会表现出不同的沉降速度。当我们把密度梯度介质以不同区带的形式配制在离心管内，并在其上层液面加入不同类型细胞混悬液时，经过一段时间，在离心力的作用下，不同直径大小和不同密度的细胞就会分别集中于不同的区带，分别吸取不同区带以及交界面处的细胞悬液就可以获得纯度很高的单一类型的细胞(图 12 - 1)。

在进行密度梯度分离时常用的密度梯度介质有氯化铯、蔗糖和聚蔗糖等。用于分离活细胞的密度梯度介质应对细胞无毒性，浓度高时渗透压不大并且能产生清晰的密度梯度区带。目前，商品化的常用介质多为 Ficoll 和 Percoll。Ficoll 是蔗糖多聚体，为聚蔗糖(Ficoll)－泛影葡胺(Urografin)分离液的主要成分。常用来分离外周血单个核细胞(PBMC)。Percoll 是一种包有乙烯吡咯烷酮的硅胶颗粒，渗透压低、黏度小，可以形成高达 1.3 g/mL 的密度，并且其扩散常数低，形成的梯度稳定，同时不易穿透生物膜，对细胞

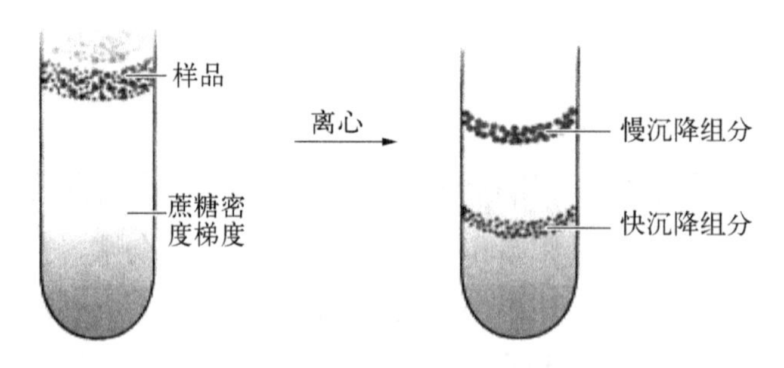

图 12－1　密度梯度离心示意图

无毒性。

【实验用品】

1. 主要试剂：Percoll 分离液、1640 培养基、PBS 缓冲液(pH7.2)、肝素钠、台盼蓝染液。

2. 仪器及耗材：低温离心机(水平转子)、无菌操作台、注射器、离心管、天平、移液器。

3. 实验材料：鱼外周血或兔外周血。

【方法与步骤】

1. 不同密度 Percoll 溶液的制备：Percoll 与 1.5 mol/L PBS 体积比 9∶1 混合至生理渗透压，然后参考下表以 0.15 mol/L PBS 稀释到所需浓度，并充分混匀。

Percoll 浓度/%	70	60	50	40	30	20
比重/(g/mL)	1.09	1.077	1.067	1.056	1.043	1.031

2. 采集抗凝血：用肝素润湿注射器，取肝素抗凝血 6 mL，与等量 RPMI1640 充分混匀稀释。

3. 密度梯度 Percoll 分离液的制备：取两个 15 mL 离心管，各加入 3 mL 60%的 Percoll 溶液，配制过程中要保持离心管竖直稳定，加入介质时滴管沿管壁缓慢加入。

4. 加入待分离的细胞混悬液：用滴管沿着管壁缓慢加入稀释的血液 6 mL，加入细胞样品的体积不宜过大，细胞浓度不宜过高，否则会影响分离的效果。

5. 离心：采用水平转子离心机 2 500 r/min 离心 30 min，转速加速及降速时间均为 0。

6. 收集细胞：离心后，小心取出离心管。可见管内分为四层，上层为血浆和 RPMI1640，下层为红细胞和粒细胞，中层为细胞分离液；在上、中层界面处有一以单个核细胞(PBMC)为主的白色云雾层狭窄带。

7. 首先吸去上层液体，可不完全吸尽，然后缓慢吸取白色云雾层，两管共可吸取约 3 mL，混合在一起。

8. 细胞洗涤：加 12 mL 1 640 洗 3 次，2 500 r/min 5 min，1 600 r/min 5 min，800 r/min 5 min，如果沉淀还为红色，可再洗一到两次。

9. 细胞计数：用少量含血清 RPMI－1640 重悬，计数，调整细胞浓度为 2×10^6 个/mL。接种到 24 孔板上，每孔加 500 μL，27℃，培养 24 h。获得的细胞可供培养或者进一步检测。

【注意事项】

1. 铺制梯度液时要轻轻地将蔗糖溶液铺于离心管液面上，应见到明显的界面，否则影响分离效果。

2. 细胞悬液体积需依据细胞大小及细胞浓度做适当调整，细胞数量过大会影响分离细胞的纯度。

3. 分离得到的细胞悬液可取出一滴用0.2%的台盼蓝染液混合染色，于血球计数板上计数四个大格内的细胞总数，同时可进行细胞活力检测。

4. 分离得到的细胞也可以进一步制备涂片，进行瑞氏染色，以鉴定细胞类型。

【实验报告】

1. 总结密度梯度法分离细胞的主要过程及操作要点。

2. 讨论密度梯度离心还有哪些应用。

实验13　细胞器的分离与观察

【目的要求】

1. 掌握差速离心分离细胞器的基本原理与方法。

2. 了解细胞器分离的意义和其他常用方法。

【实验原理】

细胞器是细胞中维持细胞复杂生命活动的功能性器官，为了研究各种细胞器的功能，首先就要将这些细胞器从细胞中分离出来。利用各种物理方法如研磨(grinding)、超声振荡(ultrasonication)和低渗(hypotonic treatment)等将组织制成匀浆(homogenate)，细胞中的各种亚组分即从细胞中释放出来。

由于不同的细胞器大小和密度存在差异，因此不同的细胞器在介质中的沉降系数各不相同。利用这种性质，我们可以利用分级分离的方法来分离不同的细胞器。分级分离的方法有差速离心法和密度梯度离心法两种。

差速离心法(differential centrifugation)是指由低速到高速逐级沉淀分离，使较大的颗粒先在较低转速中沉淀，再用较高的转速将原先悬浮于上清液中的较小颗粒分离沉淀下来，从而使各种亚细胞组分得以分离。但由于样品中各种大小和密度不同的颗粒在离心时是均匀分布于整个离心介质中的，故每级分离得到的第一次沉淀必然不是纯的最终的颗粒，需经反复悬浮和离心加以纯化。

密度梯度离心法(density gradient centrifugation)与上述方法的不同是用密度具有梯度的介质来替换离心管中的密度均一的介质，使介质分为不同的层次，浓度低的在上层，浓度高的在底层。将细胞匀浆加在最上层，随后离心。这样，不同大小、形态、密度的颗粒，就会以不同的速度向下移动，集中到不同的区域，可以分别收集。

细胞器分离过程中的悬浮介质常使用水溶性的蔗糖溶液，因为它比较接近细胞质的分散相，在一定程度上，能保持细胞器的结构和功能，保持酶的活性，避免细胞器的聚集。

一个球形颗粒的沉降速度除决定于它的密度、半径及介质的黏度外，还与离心场有关。离心场的离心力常用重力加速度g(9.8 m/s^2)的倍数来表示。而实际操作时人们习惯用r/min(离心机转子每分钟旋转的圆周数)来掌握。两者的关系是：离心力$g=$

$1.11\times10^{-5}n^2r$，r 为离心机中轴到离心管远端的距离，n 为离心机每分钟的转速(r/min)。

【实验用品】

1. 器材：低温高速离心机、玻璃匀浆器、天平、显微镜、吸管、Eppendorf 管、离心管、冰块、冰盒、载玻片、盖玻片、小烧杯。

2. 试剂：生理盐水、0.25 mol/L 蔗糖溶液、0.34 mol/L 蔗糖溶液-0.5 mmol/L $Mg(Ac)_2$ 溶液、0.88 mol/L 蔗糖溶液-0.5 mmol/L $Mg(Ac)_2$ 溶液、95%乙醇溶液、丙酮、PBS 液、甲基绿-派洛宁染液、中性红-詹纳绿染液。

【方法与步骤】

1. 细胞核的分离(图 13-1)

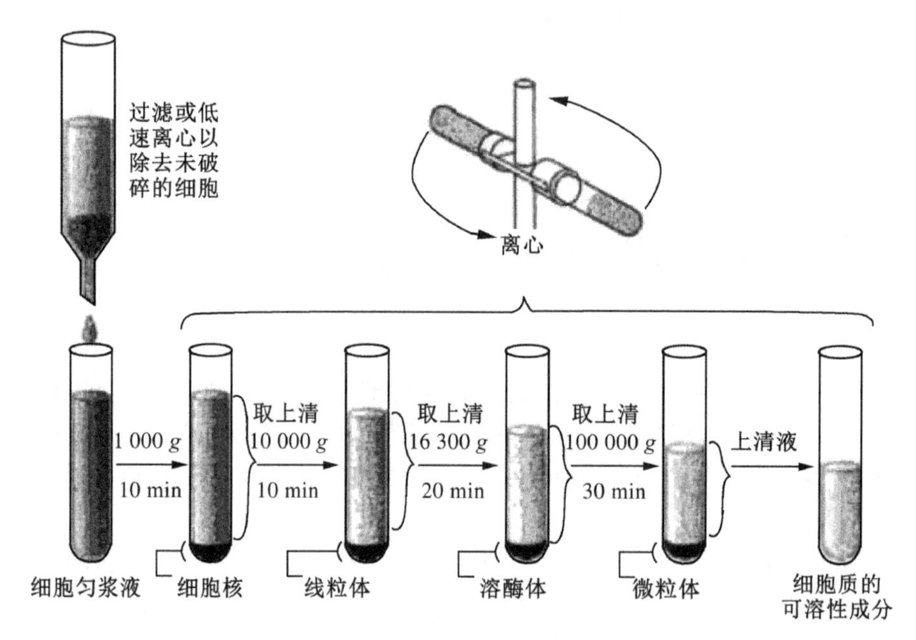

图 13-1　差速离心的基本过程

(1) 组织匀浆：将饥饿 24 h 的大白鼠处死，立即剪开腹部，迅速取出肝组织浸入预冷的生理盐水，洗去血污，用滤纸吸干。称取约 1 g 肝组织，在小烧杯中剪碎，用少量预冷的 0.25 mol/L 蔗糖溶液洗涤数次。将烧杯中的悬浮肝组织倒入匀浆器中进行匀浆，匀浆过程要在冰浴中进行。匀浆完毕，用数层经少量蔗糖溶液湿润的尼龙网过滤组织匀浆，移入离心管中。

(2) 离心：在低温离心机中进行。每次离心前一定要在天平上将两离心管配平。第一次以 600 *g* 离心 10 min。将其上清液移入 Eppendorf 管中，盖好盖子置于冰浴中，留待后面使用。沉淀用 10 mL 预冷的 0.25 mol/L 蔗糖溶液离心洗涤 2 次，每次 1 000 *g*，10 min。

(3) 纯化：将沉淀用 5 倍体积 0.34 mol/L 蔗糖-0.5 mmol/L $Mg(Ac)_2$ 混悬。用长针头注射器在混悬液下轻轻加入 4 倍体积 0.88 mol/L 蔗糖-0.5 mmol/L $Mg(Ac)_2$ 溶液。尽量使两种溶液明显分层。以 1 500 *g* 离心 15～20 min。弃上清液，沉淀即为经过纯化的细胞核，用 PBS 溶液悬浮，4℃保存。

(4) 鉴定：将分离纯化的细胞核制成涂片，空气干燥。将干燥后的涂片浸入95%乙醇溶液固定5 min，晾干，滴加甲基绿-派洛宁染液染色20～30 min，丙酮分色30 s，蒸馏水漂洗，滤纸吸干水分，镜检。核DNA呈蓝绿色，核仁和混杂的细胞质RNA呈红色。观察每个视野中所见完整细胞核的数量及纯度。

2. 线粒体的分离

将分离细胞核时收集的上清液以10 000 *g*离心10 min，收集上清液，置冰浴待用。沉淀用预冷0.25 mol/L蔗糖溶液悬浮，10 000 *g*离心10 min，反复2次。

线粒体鉴定：在干净的载玻片中央滴加1～2滴中性红-詹纳绿染液，用牙签挑取沉淀物均匀涂片。盖上盖片，染色5 min，镜检。被染成亮绿色的即为线粒体。

3. 溶酶体的分离

分离线粒体时的上清液以16 300 *g*离心20 min，上清液留待后用，沉淀加入10 mL预冷的0.25 mol/L蔗糖溶液悬浮，用同样的条件再离心1次。溶酶体可用酸性磷酸酶显示法进行鉴定。溶酶体的外形在光镜下不能看见，但可以看到棕黑色的颗粒和斑块。

4. 微粒体的分离

分离溶酶体时的上清液经100 000 *g*离心30 min，沉淀即为由内质网碎片形成的微粒体。

【实验报告】

计算出各次沉淀物的体积并分析其纯度，总结实验中出现的问题并分析其原因。

实验14　细胞计数与死活细胞鉴别

【目的要求】

1. 掌握台盼蓝法鉴别死活细胞的基本原理和操作。

2. 掌握血球计数板进行细胞计数的基本方法。

【实验原理】

细胞的存活率是反映细胞群体生活状态的重要指标。多种方法可以鉴别细胞的死活，最常用的是染色排除法和荧光排除法。染色排除法的原理是许多酸性染料不容易穿过活细胞的质膜进入细胞内，却能够渗入死亡的细胞内，使其着色，以此来鉴别死活细胞。荧光排除法的原理是由于活细胞内有较强的酯酶活性，可以将二丙酸酯荧光素中的荧光素分解出来，从而使细胞发出强烈的黄绿色荧光，而死亡细胞，由于酯酶活性丧失，不能分解二丙酸酯荧光素，则完全没有荧光，据此便可区分死活细胞。

细胞计数是一项基本的实验技术方法，在细胞分离、体外培养以及细胞生长活性的检测等被广泛使用，是确定细胞生长状态以及培养中细胞接种密度的重要手段。常用的细胞计数方法是利用血球计数板对细胞进行计数，而目前实验室常用的流式细胞仪也可以实现快速的细胞绝对计数。

血球计数板的计数区域被划分出9个大格，每个大格长宽均为1 mm，深度为0.1 mm的正方形凹槽，体积为0.1 mm^3。因此容纳细胞悬液的总体积为0.1 μL，因此，换算成每毫升(mL)细胞悬液中细胞的数量则应为细胞计数值的10 000倍。

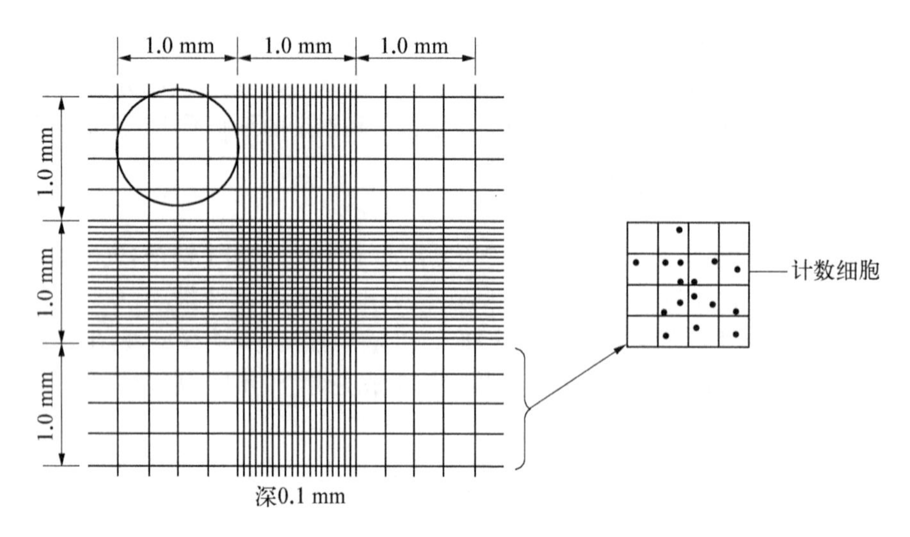

【实验用品】

1. 主要试剂：PBS或Hank's液、台盼蓝染液、75%乙醇。

2. 仪器及耗材：血球计数板、吸管、离心管、显微镜、盖玻片、注射器、超净工作台、移液器、擦镜纸。

3. 实验材料：传代培养的细胞。

【方法与步骤】

1. 染色排除法鉴别死活细胞——台盼蓝(trypan blue)法

1) 取0.5 mL细胞悬液放入干净试管中，加入约0.1 mL(1～2滴)台盼蓝染液，混合，2 min后立即制成临时装片，镜检。

2) 结果：死细胞染成蓝色，活细胞不着色。根据下式求细胞活力。

活细胞率(%)=(细胞总数—死细胞数)/细胞总数

2. 荧光排除法

1) 将二丙酸酯荧光素染液数滴直接加入细胞悬液，5 min后离心，(800～1 000) r/min，收集细胞。

2) 再用PBS或Hanks液洗涤2次，离心后可用PBS悬浮细胞，制片，镜检。

3) 观察结果　生活力强的细胞能发出强烈的黄绿色荧光；生活力弱的细胞发出的荧光也较弱；死亡细胞则无荧光。

3. 细胞计数

1) 取出血球计数板及盖玻片，用75%乙醇喷洒，擦镜纸擦拭，以保持计数板洁净无杂质。将专用的盖玻片放在血球计数板正中区域，保证计数区域是严密无缝隙的。

2) 取上述经过台盼蓝染色的细胞悬液，充分吹打混匀，取出2～5 μL，用移液器的吸头轻轻靠近盖玻片边缘，不能移动盖玻片，缓缓加入细胞悬液。此时，可见细胞悬液迅速浸润到盖玻片下的计数区域。加样时，切忌加入过量的细胞悬液，否则易造成计数结果不准确。

3) 将血球计数板小心放置于载物台上，用低倍镜(10×)寻找清晰视野，找到位于四角的大格。观察时，需将光强度及光圈略调小，否则不易观察到计数区域网格线。

4）计数的基本原则：在计数区域中，如果出现成团的细胞，则一团细胞按照一个计数，如果视野中成团细胞过多说明加样前细胞悬液没有充分混匀，需要重新混匀，重新加样；在计数区域中，如果出现压中线的细胞，则只计大格左侧和上方压线的细胞，右侧及下方压线的细胞不计。

5）分别计数位于四角的四个大格内细胞的总数，取平均值，扩大 10 000 倍即为每毫升细胞悬液中细胞的总数。

【注意事项】

1. 台盼蓝法鉴定死活细胞时，染色时间不能过长，否则会造成假阳性。

2. 利用血球计数板进行计数时，为了获得更为准确的实验结果，应将细胞悬液浓度控制在一定范围内，计数时，大格中细胞数过少或者过多都会降低细胞计数结果的准备性。

3. 细胞加样前，应充分吹打混匀细胞悬液，以保证取出用于检测的 0.1 μL 的细胞悬液能够反映整个细胞悬液的真实浓度。

4. 细胞加样时，如果加入的细胞悬液不足，不能覆盖全部的技术区域，如果加入的细胞悬液过多，会造成盖玻片位置升高，改变了加样槽的体积，这些操作都会造成计数结果不准确。

【实验报告】

1. 总结密度梯度法分离细胞的主要过程及操作要点。

2. 讨论密度梯度离心还有哪些应用。

实验 15　细胞吞噬活性的检测

【目的要求】

1. 了解小鼠腹腔巨噬细胞吞噬现象的原理。

2. 熟悉细胞吞噬作用的基本过程。

【基本原理】

细胞的吞噬作用在单细胞动物是摄取营养物质的方式，在高等动物内的巨噬细胞、单核细胞和中性粒细胞等具有吞噬功能，是机体非特异性免疫功能的重要组成部分。巨噬细胞是由骨髓干细胞分化生成，当病原微生物或其他异物侵入机体时，巨噬细胞由于具有趋化性，向异物处聚集，巨噬细胞可将之内吞入胞质，形成吞噬泡，然后在胞内与溶酶体融合，将异物消化分解。吞噬泡的形成需要有微丝及其结合蛋白的帮助，如果用降解微丝的药物细胞松弛素 B 处理细胞，则可阻断吞噬泡的形成；免疫抑制剂环磷酰胺对巨噬细胞的吞噬作用也有影响。

【实验用品】

1. 器材：显微镜、解剖盘、剪刀、镊子、注射器、载玻片、盖玻片、吸管等

2. 试剂

(1) 0.85%生理盐水

(2) 阿氏(Alsever)血液保存液

柠檬酸钠	0.8 g
柠檬酸	0.5 g

葡萄糖 18.7 g

氯化钠 4.2 g

加蒸馏水至 1 000 mL

溶解后用滤纸过滤，分装，8～10 磅灭菌 20 min，置冰箱保存。

(3) 4%台盼蓝染液(用生理盐水配制)

(4) 可溶性淀粉 6.0 g 加水 100 mL 煮沸备用。

3. 材料

(1) 小白鼠

(2) 1%鸡红细胞悬液：自鸡翼下静脉取血 1 mL，注入含灭菌阿氏液 4 mL 的瓶中，混匀置于冰箱保存备用。使用时用生理盐水洗涤，离心，弃上清，如此反复洗涤三次，最后用生理盐水配制成 1%的鸡红细胞悬液。

【方法与步骤】

1. 实验前 3 d，水浴融化淀粉溶液，加入适量 4%的台盼蓝染液，使之呈蓝色。每天给小鼠腹腔注射可溶性淀粉 1 mL，以诱导腹腔内产生较多的巨噬细胞。

小鼠腹腔注射给药的方法：先用右手抓住鼠尾提起，稍稍旋转后，放在解剖盘上，用左手的拇指和食指捏住小鼠两耳及头颈皮肤，将鼠体置于左手心中，把后肢拉直，用左手的无名指和小指按住尾巴及后肢，即可在腹部后 1/2 处的一侧注射，进针勿过深，不超过 1 cm 为宜，进针后将药物缓慢推入，稍停顿一会拔出针头，轻按小鼠腹部使药物分散。

2. 第一次注射 24 h 后，每只小鼠再腹腔注射 1%鸡红细胞悬液 1 mL。随即轻轻按摩小鼠腹部。

3. 注射鸡红细胞 30 min 后，用颈椎脱臼法处死小鼠。

4. 将小鼠置于解剖盘中，剪开腹部，用吸管吸取腹腔液，滴一滴于载玻片上，用盖玻片涂开后，盖上即可观察。

5. 高倍镜下分辨鸡红细胞和巨噬细胞：鸡红细胞是一些淡黄色、椭圆形及圆形有核的细胞；而数量较多、较大的圆形或不规则的细胞，其表面具有许多似刺毛状的小突起(伪足)，有的细胞质中含有数量不等的蓝色颗粒(为吞入含台盼蓝的淀粉形成的吞噬泡)，即为巨噬细胞。

6. 计算吞噬百分数和吞噬指数

吞噬百分数＝100 个巨噬细胞中吞噬了鸡红细胞的细胞数/100 个巨噬细胞

吞噬指数＝100 个巨噬细胞吞噬的鸡红细胞总数/100 个活化的巨噬细胞

【实验报告】

1. 计算吞噬百分数和吞噬指数。

2. 总结吞噬活性检测的应用和意义。

第四章　细 胞 增 殖

生物通过细胞增殖，繁衍后代。细胞增殖是细胞生命活动的重要特征之一，受到严格的调控，如果出现异常，机体就会出现病变，恶性肿瘤就是由于细胞增殖失控所致。细胞增殖的研究具有重大的理论和实践意义。研究细胞分裂的方法通常用显微技术和同位素自显影法。显微技术主要用于观察细胞分裂过程中染色体形态变化的过程，同位素自显影法则是用于对细胞周期中各组分成分变化的分析研究，特别是对 DNA 合成期核酸的分析。

染色体是细胞分裂期遗传物质存在的特定形式，是染色质紧密包装的结果，实验材料必须要经秋水仙素或秋水酰胺预处理，使分裂细胞阻断在有丝分裂中期，才能获得良好的染色体标本。染色体技术是研究细胞遗传学的基本技术，在生物进化、发育、遗传、变异以及生物分类等研究中有十分重要的作用。

实验 16　有 丝 分 裂

【目的要求】

1. 掌握有丝分裂标本临时压片技术。

2. 掌握细胞有丝分裂过程中各个时期的特点及主要区别。

【实验原理】

有丝分裂（mitosis）是高等生物体细胞增殖的主要方式，根据染色体的形态与动态变化可以将分裂过程分为前期、中期、后期和末期。本实验以洋葱（蚕豆）根尖为材料观察植物细胞的有丝分裂过程。制备植物细胞的染色体标本，在取材上必须选择细胞分裂较旺盛，而且取材较方便的组织作为实验材料。根尖是观察植物染色体和有丝分裂的最适宜材料，标本制作也较简便，可用于教学与研究。

【实验用品】

1. 器材：显微镜、载玻片、盖玻片、镊子、刀片。

2. 试剂

（1）70%乙醇溶液、1 mol/L HCl

（2）Carnoy 固定液：甲醇 3 份、冰醋酸 1 份

（3）苯酚品红染液：取石炭酸 25 mL，加入 50 mL 95%乙醇溶液中，再加 5 g 碱性品红使其充分溶解，过滤，4℃保存。使用时用蒸馏水稀释至 500 mL，成熟 1 周。

3. 实验材料：洋葱或蚕豆根尖。

【方法与步骤】

1. 取材：用水或培养基培养洋葱（或蚕豆），使其生根。剪取根尖，一般以生长到 1～2 cm 长度取材比较合适。

2. 固定：将剪下的根尖立即放入 Carnoy 固定液中固定 2 h 以上，固定后可将材料保存在 70%乙醇溶液中(可长期保存)。

3. 软化：取出根尖，放入 1 mol/L HCl 溶液中软化 10～15 min，水洗 3 次。

4. 染色：将以上处理的根尖放在滴有苯酚品红染液的载玻片上，用镊子轻轻将根尖捣碎，盖上盖玻片。

5. 压片：轻压盖玻片，使细胞分离压平。用镊子或铅笔钝端轻轻敲打，使根尖细胞完全分散。用吸水纸吸干盖玻片周围的染液。

6. 镜检：先用低倍镜找到处于分裂期的细胞，然后在高倍镜下观察不同分裂期的细胞。染色质和染色体被染成紫红色。

注：染色体在细胞分裂中期时形态最为典型，但由于中期时间短暂，因此可用预处理的方法增加中期相。切取植物根尖后，浸入 0.1%秋水仙素溶液中，室温下处理 3～6 h，然后再进行固定。

【实验报告】

1. 绘图描述洋葱(或蚕豆)根尖有丝分裂的主要过程。

2. 简述主要实验技术，分析实验的关键环节和影响因素。

实验 17 减 数 分 裂

【目的要求】

1. 掌握生殖细胞减数分裂过程及各个时期的特点。

2. 掌握小鼠精巢减数分裂标本的制备过程。

【实验原理】

减数分裂(meiosis)是高等生物个体在形成生殖细胞过程中发生的一种特殊的分裂方式，是生物遗传与变异的细胞学基础。在这个过程中，DNA 复制 1 次，细胞连续分裂 2 次，结果使染色体数目减半。植物、动物的生殖组织都可以用于观察减数分裂。

【实验用品】

1. 器材：离心机、解剖器材、注射器、离心管、培养皿、吸管。

2. 试剂：0.9% NaCl 溶液、秋水仙素、0.075 mol/L KCl、Carnoy 固定液、70%乙醇、苯酚品红染色液，2%柠檬酸钠溶液。

Giemsa 染液：取 Giemsa 染色剂粉末 0.6 g 加入甘油 50 mL，置于 55～60℃中 1.5～2 h，加入甲醇 50 mL，静置一天以上，过滤于棕色玻璃瓶中，备用。使用时用 pH6.8 磷酸缓冲液按 1∶10 比例稀释即可。

醋酸洋红染液：

45%醋酸	100 mL
洋红	1 g

配制时，先将醋酸加热至沸，稍冷，慢慢将洋红粉加入，边加边搅动，再继续煮沸 5 min 即可，待冷后过滤。滤液即可保存备用。

3. 实验材料：性成熟的雄性小鼠或蝗虫精巢，大葱花。

【方法与步骤】

1. 小鼠雄性生殖细胞减数分裂标本制备

(1) 秋水仙素处理：选择 8～10 周龄雄性小鼠，在取睾丸前 2～3 h 给小鼠腹腔注射秋水仙素 0.2～0.4 mL(100 μg/mL)。

(2) 取细精小管：用颈椎脱臼法处死小鼠，剖开腹腔取其睾丸放入盛有 2%柠檬酸钠溶液的小培养皿中。用小剪子剪开包在睾丸最外层的被膜，用尖头小镊子从睾丸中挑出细线状的细精小管，柠檬酸钠溶液冲洗一次。

(3) 制细胞悬液：将细精小管移入培养皿中，加少量柠檬酸钠溶液，用眼科剪将细精小管剪碎，去掉肉眼可见的膜状物，制成细胞悬液。

(4) 固定：取 4 mL 细胞悬液加入 Carnoy 固定液 1 mL，轻轻吹打进行预固定少许，800～1 000 r/min 离心 5～10 min。吸去上清液，重新加入 6～8 mL 固定液，用吸管轻轻吹打后静置固定 20～30 min，离心。重复上述固定、离心步骤 1 次。弃上清液后加入固定液少许，轻轻吹打成乳白色细胞悬液。

(5) 滴片：滴 1～2 滴细胞悬液于载玻片上，立即用口轻轻吹气，使细胞迅速分散。将玻片平放或 45°斜放，待其自然干燥。

(6) 染色：将制片反扣在染色盘上，用 Giemsa 染液扣染 20～30 min，自来水冲洗，晾干后即可观察。

2. 蝗虫精巢生殖细胞减数分裂标本制备

(1) 取材：采集成熟的雄蝗虫，在翅基部后方沿腹部背中线剪开体壁，可见两个黄色团块，即精巢，将精巢取出放在一培养皿中。

(2) 固定：在培养皿中放入新配制的 Carnoy 固定液，用镊子除去黄色脂肪团，使精细管散开。固定数小时后，移入 70%乙醇溶液中保存备用。

(3) 染色：取 1～2 条固定后的精细管，放在干净的载玻片上，加 1 滴改良的苯酚品红染色液浸泡，用刀片将精细管切成数段，静置 5～15 min 使其染色，盖上盖片。

(4) 压片：在盖片上放一张吸水纸，用手指按住盖玻片边缘，以铅笔橡皮头对准标本叩击数次，使组织分散成一单层。

3. 植物细胞减数分裂标本的制备

(1) 取材及固定：越冬的大葱，翌年春季 3～4 月长出花序，待花序长出，颜色呈绿色，花蕾长度在 3～4 mm，花药长度为 1～1.1 mm 时取材。上午 9:00～10:00 为最佳取材时机。将刚现蕾的葱花(头状花序外方之白色薄膜将要破裂时的葱花)取下后，立即放入 Carnoy 固定液中固定 1～12 h，如在室温较高的地方，固定 0.5 h 后就可以进行压片。要尽可能固定好后，再进行压片。如材料需要保存几天，必须换入 70%乙醇中。

(2) 染色与制片：取出固定后的花药，放在载玻片上，吸取多余的残余固定液，滴上一小滴醋酸洋红液(不宜太多)，然后用解剖针或镊子将花药从中部压断，挤出花药中的花粉母细胞，除去花药壁等杂质，立即盖上盖玻片，然后放在小火焰上，迅速来回轻烤几次，热烤的目的是促进染色体的染色，但要注意掌握好烤片的温度，如果烤片过热、煮沸，则可使细胞全部干缩毁坏，并使染色剂大量沉淀。烤后将制片放平，用大拇指加以压挤，这时最好在盖玻片上盖一层吸水纸再压，挤压的力量大小，因所用的材料和各人操作习惯而有所差异。

(3) 结果观察：将上述临时压片置于低倍镜下观察。首先注意区分花药壁的体细胞和花粉母细胞，然后换用高倍镜仔细观察压片中的细胞是属于减数分裂过程中的哪个时期？并参考减数分裂各期的顺序及其特点，分析观察的材料。

3. 减数分裂各期的顺序和特征

(1) 第一次减数分裂：分为4个时期。

1) 前期Ⅰ　核仁、核膜明显存在，过程较长，变化复杂，又可细分为以下5个时期。

① 细线期：染色体细丝状，螺旋卷曲分散在细胞核内，沿着整条染色线分布着许多染色粒，形似念珠，核仁清晰可见。

② 偶线期：同源染色体彼此接近，发生联会。在细线期末，偶线期初，染色体或染色线在细胞中的部位发生变化。在植物细胞中，染色线凝集成块，偏于细胞核的一边，称为凝线期，在这一时期，还出现染色质(丝)穿壁转移运动。在动物细胞中，染色线的一端聚集到核的一侧，而另一端呈放射状扩散，呈花束状，特称花束期。凝线期或花束期一直延续到偶线期结束粗线期开始为止。

③ 粗线期：同源染色体完成配对，成为二价染色体(或成对的同源染色体)，染色体由于螺旋卷曲的结果而缩得很短，每一粗线期的染色体具有两条并列的染色单体，成对的同源染色体含有四条染色单体，称为四分体，核仁附着于特定的染色体上。

④ 双线期：染色体进一步缩短，变粗。同源染色体开始分离，同源染色体之间彼此开始分离，但是在一个或多个点上互相交叉而又保持在一起，形似麻花，出现“X”形、“V”形。在该期，同源染色体含有四条染色单体，成对的同源染色体的两个染色单体之间发生交换。

⑤ 终变期：染色体缩得更短，交叉移向染色体的中间或末端，呈现V形、8形、O形或K形。染色体常移到核的周围靠近核膜的地方，是统计染色体的最好时期。该期结束时，伴随着核膜的破裂和核仁的消失。

2) 中期Ⅰ　核仁、核膜消失，纺锤体出现，染色体排列在赤道板上，两极出现纺锤体并与染色体的着丝点相连。此时所有四分体都排列在纺锤体的中部，常显“V”形但并不发生着丝点的分裂现象，与有丝分裂不同。

3) 后期Ⅰ　二价染色体分为两组，分别向两极移动。

4) 末期Ⅰ　子染色体到达两极，解螺旋，凝聚成团。重新出现核膜与核仁，形成两个子核，出现明显的细胞板或形成细胞壁，变成二分体，染色体数目减半。

(2) 第二次减数分裂：前期Ⅱ～末期Ⅱ，分裂情况与有丝分裂相同。

【实验报告】

1. 比较动物细胞与植物细胞减数分裂的差别。

2. 从数目上说，染色体在减数分裂的哪个时期发生减数？从DNA含量上说，减数发生在哪个时期？

实验18　动物骨髓细胞染色体标本的制备

【目的要求】

掌握动物骨髓细胞染色体的制备方法。

【实验原理】

具有细胞分裂活性的动物组织都可以用于染色体的制备，例如骨髓、皮肤、胸腺、性腺等，其中，骨髓细胞是制备染色体的最佳材料。骨髓细胞具有高度的分裂活性，经秋水仙素或秋水酰胺处理后，可以使分裂细胞阻断在有丝分裂中期，再经低渗处理、固定、滴片、染色等步骤，可得到很好的染色体标本。

【实验用品】

1. 器材：解剖器具、注射器、离心机、离心管、恒温水浴箱、载玻片、酒精灯等。

2. 试剂：0.1%秋水仙素溶液、Carnoy 固定液(甲醇∶冰醋酸＝3∶1)、0.075 mol / L KCl 溶液、Giemsa 染液等。

3. 材料：小鼠或蟾蜍等。

【方法与步骤】

1. 前处理：取材前 1～2 h，动物腹腔注射秋水仙素。注射浓度随动物种类和大小不同而异，一般每克体重注射 2～6 μg，注射总量不宜超过 2 mL(如一只体重 50 g 的蟾蜍，若按 4 μg/g 注射，需注射浓度为 0.1% 的秋水仙素溶液 0.2 mL)。秋水仙素的主要作用是使分裂细胞阻断在有丝分裂中期，增加中期分裂相的比例。

2. 取骨髓细胞：处死动物，剥出动物的四肢骨，用剪刀剪碎后滴加少量 0.075 mol/L KCl 液，用滴管反复吹打，将骨髓细胞冲出组织。经细纱网过滤至离心管中。

3. 低渗：根据骨髓细胞液的多少，加 0.075 mol/L 的 KCl 液 5～6 mL，在 37℃水浴箱中或室温下低渗 20～30 min。低渗是染色体制备的关键环节，细胞通过低渗会发生膨胀，便于染色体的分散。如果低渗时间过长，易造成细胞破裂；时间过短，则染色体难以分散。

4. 预固定：低渗完毕，立即加入 1 mL 新配制的预冷 Carnoy 固定液，用吸管将细胞轻轻吹打均匀，进行预固定。然后以 1 000 r/min 离心 8 min。

5. 固定：弃上清液，加 5～6 mL Carnoy 固定液，轻轻吹打细胞，静置固定20 min。离心弃上清液，再加 5～6 mL Carnoy 固定液，固定 20 min。

6. 制备细胞悬液：离心弃上清液，再加少许新鲜 Carnoy 固定液，用吸管将固定后的细胞吹散，并反复吹打混匀，制成浓集的细胞悬液。

7. 准备载玻片：滴片前 1～2 h，将洁净的载玻片放在 0～4℃冰水中，使其表面附有一层水膜。这样在滴片时，细胞悬液遇到载玻片上的冷水，染色体会迅速分散开来。

8. 滴片：取出预冷的载玻片，将其倾斜约 30°放置。吸取细胞悬液，从距离载玻片 40 cm以上高度处滴至载玻片上 2～3 滴；滴片后立即用口或洗耳球对准滴片处轻微吹气。

9. 干燥：使滴片在室温下自然干燥，或在酒精灯火焰上烤干，也可用吹风机冷风吹干。

10. 染色：待滴片充分干燥后，用 pH6.8 的磷酸盐缓冲液稀释的 Giemsa 染液(Giemsa 原液∶缓冲液＝1∶10)染色 30 min。然后自来水冲洗，空气干燥。镜检。

影响染色体标本制作质量的几个关键问题。

1) 秋水仙素用量　太多或处理时间过长，都会导致染色体的过分缩短或着丝点迅速裂解，最终使染色体被破坏或溶解。

2) 低渗处理　低渗液的浓度、处理时间直接影响实验的成败。低渗过度时，细胞会破裂,造成染色体丢失;不足时则染色体聚集在一起,分散不好。

3) 离心强度　离心速度太高或离心时间过长,细胞积压成块,不易打散;速度过低或离心时间过短,细胞不易沉降,会丢失大量细胞。

4) 固定液　要现用现配,固定彻底后再打散细胞团块,否则细胞容易破碎,染色体分散亦受到影响。

5) 载玻片　清洗不净,或冷却不够,也影响染色体的分散。

【实验报告】

1. 具体总结你的实验过程,提出你认为合适的低渗时间。

2. 评价所做染色体标本的质量,分析成败原因。

第五章　细胞培养

细胞培养(cell culture)是指在无菌条件下，将有机体的某一组织或器官取出，分散成单个细胞，在人工模拟体内的生理条件下培养，使其继续生长、繁殖或传代的过程。通过细胞培养，人们可以在体外直接观察细胞的增殖、分化、衰老过程中的形态和功能变化，可以在排除体内因素的影响下研究各种物理、化学、生物信号分子等对细胞生长发育和分化等的作用，同时细胞培养提供大量生物学性状相似的细胞，成为细胞工程的最基本技术。

要使细胞能在体外长期生长，必须满足两个基本要求：一是供给细胞存活所必需的条件，如适量的水、无机盐、氨基酸、维生素、葡萄糖及其有关的生长因子、氧气、适宜的温度及酸碱度与渗透压的变化；二是严格控制无菌条件，避免各种杂质混入细胞培养环境，防止污染。

细胞培养涉及的技术很多，包括无菌操作技术、组织分离技术、细胞计数法、传代及细胞冻存等，其中，无菌操作技术是细胞培养的最基本技术，包括实验器具和材料的准备、培养室和超净工作台的消毒、洗手和着装，无菌培养操作等。特别是操作过程中技术运用要规范，无菌概念和无菌操作必须贯穿整个培养过程的始终。

动物细胞培养可分为原代培养和传代培养。直接从动物体内获取的细胞在体外进行的首次培养称为原代培养(primary culture)。体内细胞生长在动态平衡环境中，组织培养细胞的生存环境是平皿或其他容器，生存空间和营养是有限的，当细胞增殖达到一定密度后，需要分离出一部分细胞和更新营养液，人们将培养的一定密度的细胞分散后，以一定的比例转移，接种到另一个或几个容器中进行继续培养的过程称为传代培养(passage or sub-culture)。

实验19　原代培养

【目的要求】

1. 了解细胞培养的基本原理。
2. 掌握原代细胞培养的关键技术。

【实验原理】

原代培养就是初次培养，是从供体获取组织后的首次培养。其最大优点是组织和细胞刚刚离体，生物学特性未发生很大变化，仍具有二倍体遗传特性，最接近和反映体内生长状态，适合作药物测试、细胞分化等实验研究。原代培养是建立各种细胞系的第一步，是从事组织培养工作人员熟悉和掌握的最基本技术。但也要注意到，原代培养的组织由多种细胞成分组成，比较复杂，即使培养的是较纯的单一类型的细胞，如上皮或成纤维细胞，也仍存在着异质性，在分析细胞生物学特性时仍有一定困难。

原代培养主要有组织块培养法和消化培养法。

19－1 组织块培养法

组织块培养法是将从动物体内所取材料切割成一定大小的组织块,接种到培养瓶内,加入培养液,然后将培养瓶置于培养箱中进行培养。组织块培养法操作简便,部分种类的组织细胞在小块贴壁培养24 h后,就从组织块四周游出。但由于在反复剪切和接种过程中对组织块的损伤,并不是每个小块都能长出细胞。组织块培养法特别适合于组织量少的材料的原代培养。

【实验用品】

1. 器材：二氧化碳培养箱(调整至37℃)、倒置显微镜、培养瓶、平皿、吸管、移液器、手术器械、离心机、水浴箱(37℃)。

2. 试剂：RPMI 1640培养液(含10%小牛血清)、Hank's液、碘酒、75%乙醇。

Hank's液配方：KH_2PO_4 0.06 g、NaCl 8.0g、$NaHCO_3$ 0.35 g、KCl 0.4 g、葡萄糖1.0 g、$Na_2HPO_4 \cdot H_2O$ 0.06 g、酚红 0.02 g,加H_2O至1 000 mL。Hank's液可以高压灭菌,4℃下保存。

3. 材料：新生小鼠。

【方法与步骤】

1. 将新生小鼠引颈处死,置75%乙醇泡2～3 s(时间不能过长,以免乙醇从口和肛门浸入体内),再用碘酒消毒腹部,带入超净台内,解剖动物取出肝脏放入平皿中。

2. 用Hank's液洗涤3次,并剔除脂肪、结缔组织和血液等杂物,用手术剪将肝脏剪成1 mm^3。

3. 将剪好的组织小块,用眼科镊送入培养瓶内,用吸管弯头把组织小块摆放在培养瓶底上,每小块间距0.5 cm左右。25 mL培养瓶底(底面积约为17.5 cm^2)可放置20～30块。

4. 轻轻将培养瓶翻转,让瓶底朝上,向瓶内注入适量培养液,盖好瓶盖,将培养瓶倾斜放置在37℃培养箱内2 h左右(勿超过4 h),使小块微干。

5. 从培养箱中取出培养瓶,慢慢翻转培养瓶,使液体缓缓覆盖组织小块(注意不要把组织块冲走),置培养箱中静止培养。

实验结果：1～2周后在倒置显微镜下观察,可见从组织块周围沿培养瓶底部有细胞长出,形成以组织块为中心的生长晕。

【注意事项】

1. 组织块接种后1～3 d,由于游出细胞数很少,组织块的粘贴不牢固,移动培养瓶时要特别注意动作要轻巧,严禁动作过快液体产生冲力使粘贴的组织块漂起,造成原代培养失败。

2. 原代培养3～5 d,需换液1次,去除漂浮的组织块和残留的血细胞,因为这些漂浮的组织块及细胞碎片含有毒物质,影响原代细胞的生长。

19－2 消化培养法

利用酶作用于细胞间质的蛋白质,去除间质使组织松散,容易分离成单个细胞或较小的细胞团,接种于培养皿中。细胞很快就贴壁生长,形成单层细胞培养物。

【实验用品】

1. 器材：二氧化碳培养箱(调整至37℃)、倒置显微镜、培养瓶、平皿、手术器械、血球

计数板、离心机、水浴箱(37℃)。

2. 试剂:RPMI 1640 培养液(含 10%小牛血清)、0.25%胰蛋白酶、Hank's 液、碘酒、75%乙醇。

消化液配制方法:称取 0.25 g 胰蛋白酶(活力为 1∶250),加入 100 mL 无 Ca^{2+}、Mg^{2+} 的 Hank's 液溶解,滤器过滤除菌,4℃保存,用前可在 37℃下回温。胰蛋白酶溶液中也可加入 EDTA,使最终浓度达 0.02%。

3. 材料:新生小鼠。

【方法与步骤】

1. 将新生小鼠引颈处死,置 75%乙醇泡 2~3 s(时间不能过长,以免乙醇从口和肛门浸入体内),再用碘酒消毒腹部,带入超净台内,解剖动物取出肝脏放入平皿中。
2. 用 Hank's 液洗涤 3 次,并剔除脂肪、结缔组织和血液等杂物。
3. 用手术剪将肝脏剪成小块(1 mm^3),转移至离心管中。
4. 视组织块量加入 5~10 倍的 0.25%胰蛋白酶,37℃水浴中消化 20~40 min,每隔 5 min 振荡一次,使细胞分离。
5. 待组织变得疏松,颜色略微发白时,加入 3~5 mL RPMI 1640 培养液(含 10%小牛血清)以终止胰蛋白酶消化作用(或加入胰酶抑制剂)。
6. 1 000 r/min 离心 10 min,弃上清液。
7. 加入 Hank's 液 5 mL,冲散细胞,再离心一次,弃上清液。
8. 加入培养液 1~2 mL(视细胞量),血球计数板计数。
9. 将细胞调整到 5×10^5/mL 左右,转移至 25 mL 细胞培养瓶中,37℃下培养。

上述消化分离的方法是最基本的方法,在该方法的基础上,可进一步分离不同细胞。细胞分离的方法各实验室不同,所采用的消化酶也不相同(如胶原酶、透明质酸酶等)。

【注意事项】

1. 自取材开始,保持所有组织细胞处于无菌条件,细胞计数可在有菌环境中进行。
2. 操作前要洗手,进入超净工作台后手要用 75%乙醇或 0.2%新洁尔灭擦拭,试剂等瓶口也要擦拭。
3. 点燃酒精灯,操作在火焰附近进行,耐热物品要经常在火焰上烧灼,金属器械烧灼时间不能太长,以免退火,并冷却后才能夹取组织,吸取过营养液的用具不能再烧灼,以免烧焦形成碳膜。
4. 操作动作要准确敏捷,但又不能太快,以防空气流动,增加污染机会。
5. 不能用手触已消毒器皿的工作部分,工作台面上用品要布局合理。

【实验报告】

1. 记录实验过程和细胞生长情况。
2. 分析实验中出现的问题以及解决问题的方法。

实验 20 细胞传代培养

【目的要求】

熟练掌握细胞的传代培养方法。

【实验原理】

细胞在培养皿或培养瓶中长成致密单层后,已基本饱和,为使细胞能够继续生长,同时也将数量扩大,就必须进行传代(再培养)。

传代培养也是一种将细胞种保存下去的方法,同时也是利用培养细胞进行各种实验的必须过程。悬浮型细胞直接分瓶就可以,而贴壁细胞需经消化后才能分瓶。传代培养的关键步骤:一是消化,即用适量的蛋白水解酶或螯合剂(EDTA)将致密的单层细胞从瓶壁上脱落下来并分散成单个细胞;二是分装,即补充新的营养液后,以一瓶分两瓶或更多瓶进行分装培养。本实验以 HeLa 细胞系为材料进行细胞传代培养。

【实验用品】

1. 器材:二氧化碳培养箱(调整至 37℃)、倒置显微镜、培养瓶、血球计数板。

2. 试剂:RPMI 1640 培养基(含 10%小牛血清)、0.25%胰蛋白酶、Hank's 液、75%乙醇。

3. 材料:HeLa 细胞系。

【方法与步骤】

1. 在进行细胞传代培养之前,首先将培养瓶置于显微镜下检查,观察培养瓶中细胞是否已长成致密单层,如已长成单层,即可进行细胞的传代培养。

2. 将长满细胞的培养皿或培养瓶中原来的培养液弃去,加入 2~3 mL Hank's 液,轻轻振荡漂洗细胞后弃去,以去除残留的血清和衰老的细胞及其碎片。

3. 加入 0.5~1 mL 0.25%胰蛋白酶溶液,使瓶底细胞都浸入溶液中。

4. 放在倒置显微镜下观察细胞,随着时间的推移,原贴壁的细胞逐渐趋于圆形,在还未漂起时将胰蛋白酶弃去,加入 5 mL 培养液终止消化(观察消化也可以用肉眼,当见到平皿底或瓶底发白并出现细针孔空隙时终止消化),一般室温消化时间为 1~3 min。

5. 用吸管将贴壁细胞吹打成悬液,将细胞悬液转入 15 mL 离心管中,1 000 r/min 离心 5 min,收集细胞并计数。

6. 将细胞稀释到合适浓度,分到另外两到三个培养皿或培养瓶中,置 37℃下继续培养,第二天观察贴壁生长情况。

【注意事项】

1. 传代培养时要注意严格的无菌操作,并防止细胞之间的交叉污染。

2. 酶解消化过程中要不断观察,消化过度会对细胞造成损害,消化不够则难于将细胞解离下来。

3. 传代后每天观察细胞生长情况,了解细胞是否健康生长,健康细胞的形态饱满,折光性好。

4. 掌握好传代时机,健康生长的细胞生长致密,即将铺满瓶底时,即可传代。

【实验报告】

记录传代细胞生长情况,分析实验过程中对实验结果产生影响的因素。

第二部分

综合性实验

实验21　细 胞 融 合

【目的要求】

1. 了解 PEG 诱导细胞融合的基本原理。

2. 通过 PEG 诱导鸡红细胞之间的融合实验，初步掌握细胞融合技术。

【实验原理】

两个或两个以上的细胞合并成为一个双核或多核细胞的现象称为细胞融合，也称细胞杂交，在自然情况下的受精过程即属这种现象。早在 19 世纪就曾见到肿瘤中有多核细胞，20 世纪 50 年代开始了人工细胞融合的研究，1961 年日本科学家冈田(Okada)首次采用仙台病毒诱导细胞融合，并取得成功，开创了人工诱导细胞融合的新领域。70 年代后，逐渐采用了化学融合剂，如聚乙二醇(PEG)等，化学融合剂具有使用方便、活性稳定、容易制备和控制等优点，已成为人工诱导细胞融合的主要手段。80 年代初，出现了电融合技术，它具有可控、高效、无毒的优点，并逐渐应用于科学研究。目前人工诱导不仅可以在植物与植物之间、动物与动物之间、微生物与微生物之间，甚至可以在动物与植物之间、动物与微生物之间进行细胞融合，形成一种新的杂交细胞，从而为培养新的生命类型奠定基础。

诱导细胞融合的主要方法有：病毒诱导融合、化学融合剂诱导融合和电融合。

(1) *病毒诱导融合*：有许多种类的病毒能介导细胞融合，如疱疹病毒、黏液病毒、新城鸡瘟病毒、仙台病毒等。其中最常用的是灭活的仙台病毒(HVJ)，为 RNA 病毒。病毒诱导细胞融合的过程有，首先是细胞表面吸附许多病毒粒子，接着细胞发生凝集，几分钟至几十分钟后，病毒粒子从细胞表面消失，而就在这个部位邻接的细胞的细胞膜融合，胞浆相互交流，最后形成融合细胞。

(2) *化学融合剂诱导融合*：化学融合剂主要有高级脂肪酸衍生物(如甘油-醋酸酯、油酸、油胺等)、脂质体(如磷脂酰胆碱、磷脂酰丝氨酸等)、钙离子、水溶性高分子化合物(如聚乙二醇)、水溶性蛋白质和多肽(如牛血清白蛋白、多聚 L-赖氨酸等)，其中最常用的是聚乙二醇(PEG)。PEG 用于细胞融合至少有两方面的作用：① 可促使细胞凝聚；② 破坏互相接触处的细胞膜的磷脂双分子层，从而使相互接触的细胞膜之间发生融合，进而细胞质沟通，形成一个大的双核或多核融合细胞。

(3) *电融合*：指细胞在电场中极化成偶极子，并沿着电力线排列成串，然后用高强度、短时程的电脉冲击穿细胞膜而导致细胞融合。

细胞融合技术在基因定位、基因表达产物、肿瘤诊断和治疗、生物新品种培育及单克隆抗体技术等领域有着非常广泛的应用前景。单克隆抗体技术就是通过细胞融合技术发展起来的，在生命科学研究和应用方面产生了重大影响。

【实验用品】

1. 器材：离心机、刻度离心管、微量取样器、吸管、水浴锅、载玻片、盖玻片。

2. 试剂：Alsever 溶液、GKN 溶液、0.85%生理盐水、50% PEG 溶液、双蒸水。

(1) *Alsever 溶液*：葡萄糖 2.05 g，柠檬酸钠 0.80 g，NaCl 0.42 g，溶于 100 mL 双蒸

水中。

(2) GKN溶液：NaCl 8 g，KCl 0.4 g，$Na_2HPO_4 \cdot 2H_2O$ 1.77 g，$NaH_2PO_4 \cdot H_2O$ 0.69 g，葡萄糖 2 g，酚红 0.01 g，溶于 1 000 mL 双蒸水中。

(3) 0.85%生理盐水

(4) 50% PEG溶液：称取一定量的PEG(WM=4 000)放入烧杯中，沸水浴加热，使之熔化，待冷却至50℃时，加入等体积预热至50℃的GKN溶液，混匀，置37℃备用。

3. 材料：成年公鸡。

【方法与步骤】

1. 在公鸡鸡翼下静脉抽血 2 mL，加入盛有 8 mL 的 Alsever 液中，使血液与 Alsever 液的比例达 1∶4，混匀后可在冰箱中存放一周。

2. 取此贮存鸡血 1 mL 加入 4 mL 0.85%生理盐水，充分混匀，800 r/min 离心 3 min，弃上清，重复上述条件离心两次。最后弃上清，加 GKN 液 4 mL，离去。

3. 弃上清，加 GKN 液，制成 10%细胞悬液。

4. 取上述细胞悬液以血球计数器计数，用 GKN 液将其调整为 1×10^6 个/mL。

5. 取以上细胞悬液 1 mL 于离心管，放入 37℃水浴中预热。同时将 50% PEG 液一并预热 20 min。

6. 20 min 后将 0.5 mL 50% PEG 溶液逐滴沿离心管壁加入到 1 mL 细胞悬液中，边加边摇匀，然后放入 37℃水浴中保温 20 min。

7. 20 min 后，加入 GKN 溶液至 8 mL，静止于水浴中 20 min 左右。

8. 800 r/min 离心 3 min，弃上清，加 GKN 溶液再离心 1 次。

9. 弃上清，加入 GKN 液少许，混匀，取少量悬浮于载玻片上，加入 Janus green 染液，用牙签混匀，3 min 盖上盖玻片，观察细胞融合情况。

【实验报告】

1. 描述细胞融合过程。

2. 绘制细胞融合图像。

3. 分析实验中遇到的问题及其解决办法。

实验 22　人微量外周血淋巴细胞培养及其染色体标本的制备

【目的要求】

1. 掌握人外周血淋巴细胞培养技术，进一步熟练染色体标本制作技术。

2. 掌握染色体组型分析的基本方法。

【实验原理】

在人体中，进入外周血的小淋巴细胞不能增殖，存活一定的时间便死亡，在体外人工培养条件下，如在培养基中加入植物凝集素 PHA(Phytohemagglutinin)，则可以刺激淋巴细胞转化，并进行分裂。此时如果加入适量的秋水仙素或秋水酰胺，阻断了纺锤体微管的组装，使细胞分裂停止于中期。当用低渗溶液处理培养的外周血时，可使样品中的红细胞和处于有丝分裂期的细胞质膜破裂，使转化的淋巴细胞膨胀。经离心后，可去掉红细胞碎片及细胞膜碎片。再经 Carnoy 固定液固定,尽可能地使染色体的结构保持不变,并去掉一些组蛋白和非组蛋白,从而使染色体散开,经过滴片便可得到质量较好的染色体标本。

将体细胞核中全部染色体按照其大小、着丝粒位置,以至带型有序地排列起来,此模式图像排列即为核型(karyotype)或染色体组型。染色体组型代表了一个个体或物种的染色体特征,在生物分类与系统演化的研究和遗传病的临床检验中得到了极为广泛的应用。

【实验用品】

1. 器材:超净工作台、恒温培养箱、离心机、10 mL 离心管、无菌培养瓶、注射器、载玻片和盖玻片等。

2. 试剂

(1) 0.01%秋水仙素:称取秋水仙素 10 mg 加 10 mL 的注射用水,即得 0.1%的秋水仙素液,以此作为原液。在使用时,将原液稀释 10 倍,使浓度为 0.01%。

(2) Carnoy 固定液:甲醇∶冰醋酸为 3∶1,现用现配。

(3) Giemsa 染液的配制:将 1 g Giemsa 粉放入研钵中,先加入少量甘油,研磨至无颗粒为止,然后再将全部甘油(66 mL)倒入,放 56℃温箱中 2 h 后,加入甲醇 66 mL,将配制好的染液密封保存棕色瓶内(最好于 0~4℃保存)。

(4) 磷酸缓冲液

1/15 mol/L $Na_2HPO_4 \cdot 12H_2O$	2.39 g 溶于 100 mL 双蒸水中。
1/15 mol/L KH_2PO_4	0.907 g 溶于 100 mL 双蒸水中。

取 1/15 mol/L $Na_2HPO_4 \cdot 12H_2O$ 液 80 mL、1/15 mol/L KH_2PO_4 液 20 mL 混合即为 pH=7.38 之磷酸缓冲液。

(5) 0.075% KCl 水溶液(低渗液)

(6) 培养基

RPMI 1640(或 Eagles 培养液)	4 mL
小牛血清	1 mL
1% PHA	0.075 mL
庆大霉素	1 μL

用 5% $NaHCO_3$ 调至 pH7.2。

(7) 肝素:用生理盐水配成 500 单位/mL。

3. 材料:人外周血。

【方法与步骤】

1. 外周血培养

(1) 采血:用肝素润湿注射针管后,常规取静脉血 1~2 mL,转动针管混匀肝素。

(2) 接种:每 5 mL 培养基中加全血 0.3~0.4 mL,塞紧瓶塞后放置 37℃恒温培养箱中培养 72 h。

2. 染色体标本制备

(1) 秋水仙素处理:终止培养前 2~4 h,加入 0.01%秋水仙素溶液 1~2 滴,使最终浓度为 0.2 μg/mL 培养液,摇匀后继续培养 2~4 h。

（2）收获细胞：将培养后的细胞收集在离心管中，平衡后 1 000 r/min 离心8 min，弃上清液。

（3）低渗：向离心管中加入预热的（37℃）0.075 mol/L KCl 溶液至 6～8 mL，吹打成细胞悬液后，置于 37℃水浴箱中低渗 15 min。

（4）预固定：向离心管中加入新配制的 Carnoy 固定液 1～2 mL，用吸管轻轻吹打后 1 000 r/min 离心 8 min，弃上清。

（5）固定：加入新配制的固定液至 8 mL，室温固定 30 min。1 000 r/min 离心8 min，弃去清。重复固定一次。

（6）制片：根据沉淀细胞的多少，加入适量新配制固定液 0.5～1 mL，轻轻吹打成细胞悬液，用滴管滴至预冷的载玻片上，立即吹干。

（7）染色：用 1∶10 Giemsa 染液染色 10～20 min，流水冲洗，晾干后镜检。

（8）显微拍照，冲洗放大照片。

3．组型分析

1）选择染色体清晰的照相底片，用放大机制作出放大 10 倍的清晰照片。

2）将染色体逐一剪下，并对每个中期染色体逐一进行测量，包括每条染色体的长度和每个臂的长度。

3）根据测量数据，计算出每对染色体平均的相对长度、臂指数与着丝粒指数。

将照片上的染色体剪下，根据下述参数和分型标准进行染色体组型分析。

① 相对长度（relative length）：指单个染色体的长度与包括 X 染色体在内的单倍体染色体总长度之比，相对长度＝单条染色体的长度/（单倍常染色体＋X 染色体）的总长度×100％。

② 臂指数（arm index）：指染色体长臂与短臂的比率，臂指数＝长臂/短臂。

③ 着丝粒指数（centromere index）：指短臂占整个染色体长度的比率，着丝粒指数＝短臂/整个染色体长度×100％，该比率决定了着丝粒在染色体中的相对位置。

④ 染色体的臂数：对于端部着丝粒染色体，臂数为 1，其他为 2。

4）把相对长度与臂指数相近者配成一对。参照相对长度、臂指数与着丝粒指数的数值，并根据标准顺序，用胶水将每条染色体依照标准顺序粘贴在实验报告纸上，编排出染色体组型图。

根据 Levan（1964）所制定的人类染色体标准，臂指数在 1.0～1.7 之间的染色体为中央着丝粒染色体，在 1.7～3.0 之间为亚中央着丝粒染色体，在 3.0～7.0 间为亚端部着丝粒染色体，大于 7.0 为端部着丝粒染色体；着丝粒指数在 50.0～37.5 之间的染色体为中央着丝粒染色体，在 37.5～25.0 之间为亚中央着丝粒染色体，在 25.0～12.5 之间为亚端部着丝粒染色体，小于 12.5 为端部着丝粒染色体。人类染色体为 46 条，可分为 A、B、C、D、E、F、G 七个群，其基本特征见表 22－1。

表 22－1　人类体细胞染色体的分类标准及其主要特征

类　别	包括染色体的序号	主　要　特　征
A　群	第 1～3 对	体积大，中部着丝粒。第 2 对着丝粒略偏离中央
B　群	第 4～5 对	体积大，中部着丝粒。彼此间不易区分

(续表)

类　别	包括染色体的序号	主　要　特　征
C　群	第 6～12 对,X	中等大小，亚中部着丝粒。第 6 对的着丝粒靠近中央，X 染色体大小介于第 6 与第 7 对之间，第 9 对的长臂上有一次缢痕，第 11 对的短臂较长，第 12 对的短臂较短，彼此间不易区分
D　群	第 13～15 对	中等大小,近端部着丝粒,有随体。彼此间不易区分
E　群	第 16～18 对	中等大小。第 16 对为中央着丝粒,长臂上有一次缢痕;第 17、18 对为亚中央着丝粒,后者的短臂较短
F　群	第 19～20 对	体积小,中部着丝粒。彼此间不易区分
G　群	第 21～22 对,Y	第 21、22 对体积小，近端着丝粒，有随体，长臂常呈分叉状;Y 染色体较前者略大，近端着丝粒，无随体，长臂常彼此平行

有条件的单位可以利用细胞工作站进行分析。

【实验报告】

1. 绘制染色体组型分析图。
2. 对影响实验成败的关键因素进行分析总结。

实验 23　细胞转染——阳离子脂质体介导转染法

细胞转染是将外源性基因导入细胞内的一种技术。随着基因与蛋白功能研究的深入,细胞转染技术目前已成为实验室工作中经常使用的基本方法,大致可分为物理介导、化学介导和生物介导三类途径。电穿孔法、显微注射和基因枪属于通过物理方法将基因导入细胞的技术;病毒介导的转染技术是属于生物介导的方法;化学介导方法很多,如经典的磷酸钙共沉淀法、脂质体转染法和多种阳离子物质介导的技术等。理想的细胞转染方法,应该具有转染效率高、细胞毒性小等优点。病毒介导的转染技术,是目前转染效率最高的方法,同时具有细胞毒性很低的优势。但是,病毒转染方法的准备程序复杂,常常对细胞类型有很强的选择性,在一般实验室中很难普及。而物理介导的转染方法虽然转染效率高,但常需要昂贵的仪器和专业的培训。化学转染方法则具有转染效率高、步骤简单、不需贵重仪器,且使用范围广等优点,是目前实验室用的方法。

【目的要求】

1. 学习和掌握外源基因导入真核细胞的主要方法——阳离子脂质体介导的转染。
2. 了解外源基因进入细胞的一般性方法,观察外源基因在细胞内的表达。

【实验原理】

阳离子脂质体表面带正电荷,能与核酸的磷酸根通过静电作用,形成 DNA -脂复合体,也能被表面带负电荷的细胞膜吸附,再通过细胞内吞作用,将 DNA 传递进入细胞形成包涵体。内吞后的 DNA -脂复合体在细胞内形成的包涵体,在 DOPE(二油酰基磷脂酰乙醇胺)作用下,细胞膜上的阴离子脂质因膜的不稳定而失去原有的平衡扩散进入复合体,与阳离子脂质中的阳离子形成中性离子对,使原来与脂质体结合的 DNA 游离出来,进入细胞质,进而通过核孔进入细胞核,最终进行转录并表达。这是目前常见实验室条件下最方便

的转染方法之一。因脂质体对细胞有一定的毒性,转染时间以不超过 24 h 为宜。

【实验用品】

1. 器材:二氧化碳培养箱、倒置荧光显微镜、35 mm 细胞培养皿。

2. 试剂:脂质体 2000、DMEM 培养液(含 10%胎牛血清)、DNApcDNA3.1-GFP。

3. 细胞系:中国仓鼠卵巢上皮细胞(CHO)。

【方法与步骤】

1. 细胞准备:转染前一天将 3.0×10^5~8.0×10^5 个/mL 细胞接种于 35 mm 培养皿培养中,加入 1 mL DMEM 培养液(含 10%胎牛血清),使其在 24 h 内使细胞覆盖率达到 40%~70%(若覆盖率过高,转染后不利筛选细胞)。

2. 转染液制备:在 1.5 mL EP 管中制备以下两种液体。A 液:用无血清培养基稀释 4 μg DNA,终量 250 μL;B 液:用 250 μL 无血清培养基稀释 10 μL 脂质体试剂,轻轻混匀,室温放置 5 min(注意:无血清培养液中不含双抗,因为抗生素会在穿透的细胞中积累毒素)。混合 A、B 液,轻轻混匀,室温放置 30 min,以便形成 DNA-脂质体复合物。

3. 转染准备:用 2 mL 无血清培养液清洗细胞两次,再加入 1 mL 无血清培养液(注意:转染时切勿加血清,血清对转染效率有很大影响)。

4. 转染:将 500 μL DNA-脂质体复合物加到含有细胞和培养基的培养皿中,来回轻柔摇晃细胞培养板,37℃温箱温育 24 h。

5. 观察:转染 24 h 后,使用荧光显微镜观察表达绿色荧光蛋白的细胞。

【实验报告】

1. 荧光显微镜下细胞内绿色荧光,记数荧光阳性细胞和阴性细胞,计数转染效率。

2. 查阅资料,简述细胞转染的主要方法及各自的优缺点。

实验 24 细胞增殖——培养细胞增殖动力学检测

【目的要求】

了解细胞增殖动力学的主要指标及其检测方法。

【实验原理】

有丝分裂指数和生长曲线是细胞增殖动力学的主要指标。有丝分裂指数是指处于分裂期的细胞数占细胞总数的百分数,细胞经染色后用显微镜观察计数即可,方法简单,但容易出现人为误差。利用 MTT[3-(4,5-二甲基噻唑-2)-2,5-二苯基四氮唑溴盐]检测细胞的存活和增殖情况是目前广泛采用的方法,它的原理是活细胞线粒体中的琥珀酸脱氢酶能使外源性 MTT 还原为水不溶性的蓝紫色结晶甲(拪)并沉淀在细胞中,而死细胞无此功能。二甲基亚砜(DMSO)能溶解细胞中的甲(拪),用酶联免疫检测仪在 570 nm 处测定其光吸收值,可间接反映活细胞数量。在一定细胞数范围内,MTT 结晶形成的量与细胞数成正比。该方法已广泛用于一些生物活性因子的活性检测、大规模抗肿瘤药物的筛选、细胞毒性实验等,具有灵敏又经济的特点。

【实验用品】

1. 器材:二氧化碳培养箱(调整至 37℃)、倒置显微镜、酶标仪、96 孔培养板、血球计数板。

2. 试剂：RPMI 1640 培养液(含 10%小牛血清)、0.25%胰蛋白酶、Hank's 液、Giemsa 染液、75%乙醇、DMSO、MTT 5 mg/mL。

3. 材料：Hela 细胞系。

【方法与步骤】

1. 有丝分裂指数测定

1) 将细胞悬液接种于内有无菌小盖片的培养皿内。

2) 每 24 h 取出一个(组)小盖片，用 Hank's 液漂洗后，用甲醇固定，Giemsa 染色，树胶封片。

3) 在显微镜下计数 1 000 个细胞及其中的分裂细胞数，并按下列公式计算分裂指数：

$$分裂指数=分裂细胞数/细胞总数\times 100\%$$

也可以将所测得的百分数逐日按顺序绘制成图即为细胞分裂指数曲线图。

2. MTT 法测定细胞增殖

1) 收集传代培养细胞，将细胞浓度稀释至 1×10^6/mL 至 1×10^3/mL。

2) 将各浓度细胞悬液加入孔中，每空 100 μL，每浓度作 3 个平行对照，以不加细胞的培养液做空白对照。

3) 在合适的条件下培养细胞 6～48 h。

4) 加 10 μL MTT 试剂后，培养板重新置于培养箱中，温育 2～4 h。

5) 每隔一定时间，取板，在倒置显微镜下观察细胞内是否出现紫色点状沉淀。

6) 当紫色点状沉淀在显微镜下清晰可见时，包括空白对照孔在内的所有孔内加入洗涤试剂 DMSO，每孔 100 μL。

7) 于酶标仪 570 nm 下检测各孔吸收值，可选择 550～600 nm 之间的任一波长检测吸收值。参考波长应高于 650 nm。空白对照孔的吸收值应接近于 0。

8) 若读数过低，需将培养板继续避光温育。

9) 计算 3 个平行的平均值，减去空白对照孔的平均值后，即得到各浓度细胞的光吸收值。以每毫升细胞数为横坐标，以该浓度的吸收值为纵坐标作图，绘制出细胞增殖的生长曲线。

【注意事项】

1. 细胞分裂指数的观察要掌握好分裂相标准，其中主要是确定好划分间期和前期、末期和间期的界限，避免人为误差。

2. 细胞分裂指数曲线与生长曲线的趋势基本类似，但不完全相同，如当细胞增长达饱和密度并进入停止期后，细胞数值很大，而分裂相可完全消失。

实验 25　细胞分化——植物叶片的脱分化和再分化培养

【目的要求】

1. 掌握植物组织培养的基本技术，熟悉愈伤组织和再生植株的基本实验方案。

2. 加深对细胞全能性、细胞分化与脱分化等概念的理解。

【实验原理】

1902年德国的G. Haberlandt根据细胞学说认为，植物的器官和组织可以不断地分割，直至单个细胞，进而提出细胞全能性假说：植物体的每一个细胞都含有整株植物的全部遗传信息，都有分化成一个完整植株的潜在能力。经过半个多世纪无数科学家的艰苦努力，1958年Stewardyou由胡萝卜根部的韧皮部组织在体外成功培育出了完整植株，验证了细胞全能性假说。

构成植物体的众多细胞都是由一个细胞分裂来的，但不是所有细胞都永久性地保持分裂能力，多数细胞丧失分裂能力，演变成各种类型的细胞。细胞后代在形态结构和功能上发生差异的过程称为细胞分化(differentiation)。由于细胞的分化，形成各种组织、器官，最后成长为完整植株。在植物细胞的分化过程中，细胞经历了从全能性到多能性，再到单能性，最后失去分化潜能成为成熟定型的细胞这一进程，分化的细胞一般不再分裂。植物细胞的分化是可逆的，分化的细胞在一定条件下，可以转变为胚性状态，重新获得分裂能力，称之为脱分化(dedifferentiation)。脱分化的细胞经过细胞分裂，产生无组织结构、无明显极性、松散的细胞团称为愈伤组织(callus)。脱分化后的愈伤组织在一定的条件下，可以发生再分化(redifferentiation)，形成不同类型的细胞、组织和器官，发育成完整的再生植株。

影响植物细胞脱分化和再分化的因素有很多，包括营养条件(如植物激素、无机盐、有机营养成分等)和环境条件(如培养基的pH、渗透压、温度、湿度、光照等)。在植物组织培养中，就是通过调整激素等影响因素来实现植物愈伤组织的诱导和植株再生的。

【实验用品】

1. 实验仪器：超净工作台、无菌滤纸、剪刀、镊子、大培养皿、无菌烧杯。

2. 实验材料：烟草无菌苗和室外培养的烟草幼苗。

3. 实验试剂：70%乙醇，0.1%升汞，无菌水。

4. 脱分化培养基：MS 2.2 g，NAA 2.0 mg，BA 2.0 mg，蔗糖25 g，琼脂6～7 g，蒸馏水定容至1 L，调pH至5.8。

5. 分化培养基：MS 2.2 g，BA 2.0 mg，Zeatin 0.1 mg和NAA 0.5 mg，蔗糖25 g，琼脂6～7 g，蒸馏水定容至1 L，调pH至5.8。

【方法与步骤】

1. 工作台消毒：用75%乙醇将超净工作台擦洗干净，将接种所用的材料、工具、培养基等准备好放入超净工作台，紫外灯照射15 min。

2. 洗手消毒：操作前用温水和肥皂将手充分擦洗干净，再用70%乙醇消毒。

3. 材料消毒：将装有无菌苗的培养瓶用70%乙醇消毒后放在超净工作台上备用。若实验材料为室外培养的烟草，则先将叶片用自来水洗净，70%乙醇消毒1～2 s，0.1%升汞消毒5～10 min，于无菌条件下用无菌水冲洗4～5遍，无菌滤纸吸干后备用。

4. 接种及愈伤组织诱导：取一无菌培养皿，然后用解剖刀切取1～2片无菌苗叶片置于无菌培养皿中，并用锋利解剖刀将叶片切成0.5 cm×0.5 cm左右的小片，然后将其接种于准备好的脱分化培养基上。无菌封口，做好标记。接种后的三角瓶置于24℃条件下，黑暗培养1周，可见愈伤组织开始生长。

5. 器官分化与植株再生：将愈伤组织转接到细胞分化培养基，24℃条件下，光照培养2～3周，逐渐长出幼芽，生根，形成烟草再生植株。

【实验建议】

1. 设计方案，改变激素、光照等不同的处理，观察分析不同因子对愈伤组织诱导及植株再生的影响。

2. 选择不同的植物材料，进行愈伤组织诱导及植株再生试验。

【实验报告】

1. 观察并记录接种的烟草组织脱分化与再分化的情况。

2. 总结分析不同因子对愈伤组织诱导及植株再生的影响及不同植物再生的差异。

实验26 细胞凋亡

【目的要求】

通过对凋亡细胞进行形态学和生物特征检测，掌握用于凋亡细胞检测的常规方法，加深对于凋亡细胞特征的认识。

【实验原理】

细胞凋亡是一个主动的由基因决定的自动结束生命的过程。在凋亡的过程中，细胞膜发生反折，染色体断裂并发生边缘化，细胞膜包裹断裂的染色体或细胞器后逐渐分离形成众多的凋亡小体。凋亡小体最终被附近的吞噬细胞吞噬。在细胞凋亡的过程中，细胞膜保持完好，细胞的内容物不会发生外流，因此在细胞凋亡的过程中不会发生炎症。在细胞凋亡的形态学检测中主要是要将细胞凋亡同细胞坏死区分开来。细胞坏死是由于极端的理化因素或严重的病理刺激引起的细胞的损伤或死亡。在细胞发生坏死时，细胞膜破裂，细胞的内容物释放到细胞外后引发周围组织发生炎症。

凋亡细胞除了形态学的指标外，还具有其典型的生物化学特征，可以通过多种方法对其进行检测。① 凋亡细胞的形态学观察可以选择不同的染色方法，如HE染色、Giemsa染色、台盼蓝染色等不同的染色方法对实验材料进行染色，染色后观察细胞的凋亡的形态学特征。具体染色步骤参照基础性实验中介绍的方法进行。凋亡细胞体积缩小，染色质浓聚，呈新月形或由膜包裹着染色质块形成凋亡小体凸起于细胞表面。② 凋亡细胞生化特征的检测，可以采用DNA电泳、细胞膜磷脂酰丝氨酸荧光显示、凋亡细胞原位末端标记法。

26-1 DNA电泳

DNA琼脂糖凝胶电泳是鉴定细胞凋亡时DNA断裂的方法之一。细胞凋亡时，细胞内核酸内切酶活化，染色质DNA在核小体单位之间的连接处断裂，首先形成50～300 kb的DNA片段，再进一步断裂成180～200 bp整倍数的寡核苷酸片段，在琼脂糖凝胶电泳上呈现"梯状"电泳图谱(DNA ladder)。近年来，也有研究者发现凋亡细胞不出现DNA ladder的细胞类型。

【实验用品】

1. PC缓冲液：0.2 mol/L Na_2HPO_4 192 μL与0.1 mol/L柠檬酸8 μL混合。

2. 0.5 mol/L EDTA：$Na_2EDTA \cdot 2H_2O$ 186.1 g 加双蒸水 700 mL，边搅拌边加入 NaOH 固体调节 pH，未调节 pH 时 EDTA 不溶解，直到 pH 接近 8.0 时才充分溶解（大约需 NaOH 20 g），加双蒸水至 1 000 mL。

3. 50×TAE 缓冲液：Tris 碱 242 g，冰醋酸 57.1 mL，0.5 mol/L EDTA 100 mL，加双蒸水至 1 000 mL，用时稀释 50 倍。

4. PBS(pH7.4)：K_2HPO_4 1.392 g，$Na_2HPO_4 \cdot H_2O$ 0.276 g，NaCl 8.770 g，先溶于 900 mL 蒸馏水，然后用 0.01 mol/L KOH 调 pH 至 7.4，加蒸馏水至 1 000 mL。

5. λ-*Hin*d Ⅲ DNA 标记

6. 6×加样缓冲液：0.25%溴酚蓝，40%蔗糖，加蒸馏水溶解，4℃保存。

【方法与步骤】

1. 诱导凋亡：处于对数生长期的 HL-60 细胞，经紫外照射 10 min 后，继续培养 12 h。
2. 10^6～10^7 个细胞，PBS 溶液洗涤，70%冷乙醇溶液固定 24 h。
3. 1 000 r/min 离心 5 min，用 40 μL PC 缓冲液重悬细胞，室温放置 40 min。
4. 1 000 *g* 离心 min，取上清液移入新的 Eppendorf 管，真空抽干。
5. 加入 0.25% NP-40 3 μL、1 mg/mL RnaseA 3 μL，37℃，30 min。
6. 加入蛋白酶 K 3 μL，37℃，30 min。
7. 加入 12 μL 样品稀释液，1%琼脂糖凝胶电泳（1×TAE 缓冲液，2 V/cm）。
8. 紫外透射仪观察并照相。

26-2 细胞膜磷脂酰丝氨酸荧光显示

磷脂酰丝氨酸(PS)在非凋亡细胞中分布于细胞内膜，细胞凋亡早期膜磷脂不对称丢失使磷脂酰丝氨酸由胞膜内层暴露于胞膜外，磷脂酰丝氨酸暴露于胞膜外可作为凋亡细胞的标志。采用荧光素 FITC 标记钙结合蛋白 annexin V，FITC-annexin V 与 PI 双染细胞样品，活细胞无色，凋亡细胞发绿色荧光（PS 被 FITC-annexin V 标记发绿色荧光），坏死细胞和晚期凋亡细胞因为膜结构不完整被 PI 标记而发红色荧光。

【方法与步骤】

1. 0.2 mL 细胞悬液（10^6 个/mL）用 FITC-annexin V 标记。
2. 样品加 1.5 mL PI（50 μg/mL 用 PBS 溶解），避光染色 20 min，染色后 4 h 内测量。
3. 用荧光显微镜或流式细胞仪检测。

26-3 凋亡细胞原位末端标记

细胞凋亡中染色体 DNA 的断裂是个渐进的分阶段的过程，染色体 DNA 首先在内源性的核酸水解酶作用下降解为 50～300 kb 的大片段，然后大约 30%的染色质 DNA 在 Ca^{2+} 和 Mg^{2+} 依赖的核酸内切酶作用下，核小体单位间的 DNA 被随机切断，形成 180～200 bp 核小体 DNA 多聚体。DNA 双链断裂或只要一条链上出现缺口就会产生一系列 DNA 的 3′-OH 末端，在脱氧核糖核酸末端转移酶（TDT）的作用下，将脱氧核糖核酸和荧光素、过氧化物酶、磷酸化酶或生物素形成的衍生物标记到 DNA 的 3′末端，就可进行凋亡细胞的检测，这类方法称为脱氧核糖核苷酸末端转移介导的缺口末端标记法（terminal-deoxynucleotydyl transterase mediated nick end labeling，TUNEL）。由于正常的或正在增殖的细胞几乎没有 DNA 的断裂,因而没有 3′- OH 形成,很少能够被染色。TUNEL 法实际上是分子生物学与形态学相结合的研究方法,对完整的凋亡细胞核或凋亡小体进行原位染色,能准确地反映细胞凋亡最典型的生物化学和形态特征,并可检测出极少量的凋亡细胞,灵敏度远比一般的细胞化学法和 DNA ladder 测定法要高,因而在细胞凋亡的研究中被广泛采用。

生物素(biotin)标记的 dUTP 在 TDT 酶的作用下,可以掺入到凋亡细胞的双链或单链 DNA 的 3′- OH 末端,而生物素可与连接了过氧化物酶(POD)的亲和素(streptavidin)特异结合,在 POD 底物二氨基联苯胺(DAB)存在下,可产生很强的颜色反应,特异准确地定位正在凋亡的细胞,因而在普通光学显微镜下即可观察和计数凋亡细胞。

【实验用品】

1. 蛋白酶 K 溶液(200 mg/mL):0.02 g 蛋白酶 K 溶于 100 mL 蒸馏水。
2. 2%过氧化氢:2.0 mL 过氧化氢(30%)加 98.0 mL 蒸馏水。
3. TDT 缓冲液(pH7.2)新鲜配制:3.63 g Trizma 碱,29.69 g 二甲胂酸钠[$(CH_3)AsO_2Na \cdot 3H_2O$],0.238 g 氯化钴($CoCl_2 \cdot 3H_2O$),溶于 990 mL 蒸馏水,用 0.1 mol/L HCl 溶液调节 pH 至 7.2,再加蒸馏水至 1 000 mL。
4. TB 缓冲液:17.4 g 氯化钠,8.82 g 柠檬酸钠,加蒸馏水至 1 000 mL。
5. 2%人血清蛋白(HSA)或牛血清蛋白(BSA):2.0 g HSA 或 BSA 溶于 100 mL 蒸馏水。
6. TDT 酶/生物素- dUTP 混合液:168 mL TDT 缓冲液,1 mL TDT 酶(Promega,51 单位/mL),1 mL 生物素- dUTP。
7. 亲和素-过氧化物酶工作液:用含 1% BSA 或 HAS 的 PBS 将亲和素-过氧化物酶稀释 80~100 倍。
8. PBS(pH7.4):K_2HPO_4 1.392 g,$Na_2HPO_4 \cdot H_2O$ 0.276 g,NaCl 8.770 g,先溶于 900 mL 蒸馏水,然后用 0.01 mol/L KOH 调 pH 至 7.4,加蒸馏水至 1 000 mL。
9. 二氨基联苯胺(DAB)工作液(新鲜配制,避光保存):5 mg DAB,10 mL PBS,pH7.4,临用前过滤,加 0.02%(*V*/*V*)过氧化氢。
10. 苏木精染液:常规配制。

【方法与步骤】

1. 飞片放入 4%中性甲醛溶液,室温中固定 10 min。
2. PBS 溶液洗 2 次,每次 5 min。
3. 飞片上加蛋白酶 K 溶液(盖过细胞面),37℃ 15 min。
4. 蒸馏水洗 3 次,置 2%过氧化氢中 5 min,以淬灭内源性过氧化氢。
5. 蒸馏水洗 3 次,TDT 缓冲液洗 1 次,置 TDT/生物素- dUTP 混合液中,37℃保温过夜。
6. 将飞片移至 TB 缓冲液中,室温 15 min 终止反应。
7. 蒸馏水洗 3 次,置 2% HAS 或 BSA 中,室温封闭 10 min。
8. 蒸馏水洗 1 次,PBS 洗 1 次,5 min。
9. 置 1∶80 稀释的亲和素-过氧化物酶中 37℃ 30 min。
10. 蒸馏水洗 1 次,再用 PBS 洗 1 次,5 min。

11. 置1∶80稀释的亲和素-过氧化物酶中37℃ 30 min。

12. 蒸馏水洗1次，再用PBS洗1次，5 min。

13. 置DAB工作液中，室温反应5 min。

14. 蒸馏水洗2次，苏木精染色5 min。

15. 蒸馏水洗3次，依次用梯度乙醇脱水，二甲苯透明，树胶封片，干燥后观察。

注意：一定要有阳性和阴性细胞对照。阳性细胞对照可使用地塞米松(1 mmol/L，3～4 h)处理的大、小鼠胸腺细胞。阴性对照不加TDT酶，其余步骤与实验组相同。

可见凋亡细胞细胞核在紫蓝色背景下有黄褐色斑状物质即为DNA断裂处。

【实验报告】

1. 简述主要实验过程，分析实验中出现的问题。
2. 拍摄凋亡细胞的显微图像，描述其典型特征。
3. 讨论细胞凋亡实验技术在研究与实践中的应用。

实验27 小鼠胚胎干细胞的分离和培养

【目的要求】

掌握小鼠胚胎干细胞的分离、体外培养和鉴定方法，了解胚胎干细胞的生物学形态及干细胞的应用，了解小鼠胚胎干细胞系的建立方法。

【实验原理】

胚胎干细胞(embryonic stem cell, ES细胞)来源于哺乳动物早期胚胎细胞，一方面，ES细胞具有无限增殖的潜能，能够在体外进行培养传代和遗传操作，另一方面，它可以分化为包括生殖细胞在内的机体所有细胞类型，参与各种组织器官的发育和构建。1981年，Evans和Kaufman首次建立了小鼠的胚胎干细胞系，近年来科学家又相继建立了金黄地鼠、大鼠、兔、猪、牛、恒河猴及人的胚胎干细胞系。利用胚胎干细胞进行体外培养，在特定条件下可以诱导分化成多种类型的细胞，如内皮细胞、造血细胞、神经细胞、各种肌肉细胞、软骨细胞、脂肪细胞等。因此，ES细胞不仅在分化基因功能分析、发育机制研究方面发挥重要作用，还在细胞治疗、基因治疗及新药筛选等方面显示出重要的价值。正因为如此，胚胎干细胞研究成为最近几年生命科学研究领域发展最快和最受重视的前沿生物技术之一。干细胞的研究成果被*Science*杂志评为1999、2000和2003年度世界“十大”重大科技进展之一。

ES细胞形态结构与早期胚胎细胞相似，细胞核大，染色质分散，胞质内除游离的核糖体外，其他细胞器很少。细胞呈多层集落生长，紧密堆积在一起，形似鸟巢。ES细胞表面SSEA(胚胎阶段性特异性表面抗原)和Oct4/3(早期胚胎内细胞团细胞中表达的转录因子)大量表达，并且呈碱性磷酸酶和端粒酶阳性，这些分子成为ES细胞的分子生物学标志，常用于ES细胞的鉴定。小鼠的ES细胞通常取自受精卵发育2.5 d的桑椹胚(morula)或3.5～4 d的早期胚泡(blastocyst)。桑椹胚阶段的细胞都具有全能性，它的分离培养相对容易，但是细胞数量相对较少。发育到胚泡阶段，胚胎细胞已经有了滋养层和内细胞团的分化，需要将滋养层细胞剥离去除，只取内细胞团细胞培养。另外，为了保持ES细胞的未分化状态、分化潜能及无限增殖能力，需将ES细胞置于饲养层上培养，常用的饲养层细胞有原代培养的胚胎鼠成纤维细胞(MEF)和小鼠成纤维细胞系 STO 细胞等,经 γ 射线照射或丝裂霉素 C 处理以抑制其有丝分裂活性,然后接种至明胶包被的培养皿,作为胚胎干细胞培养的饲养细胞。饲养细胞的作用是提供 ES 细胞生长的环境和信号,并分泌多种细胞因子抑制 ES 细胞分化,促进其增殖。饲养细胞并不足以抑制 ES 细胞的分化,在培养液中,除必需的营养外,有时还需加入细胞分化抑制因子,如重组白血病抑制因子(LIF)、白介素－6(IL－6)等,同时还需要细胞生长促进因子,如干细胞因子(SCF)、碱性成纤维细胞生长因子(bFGF)等。

【实验用品】

1. 器材

(1) 仪器:体视显微镜、倒置显微镜、二氧化碳恒温培养箱、恒温水浴锅、离心机。

(2) 实验用具:各种规格移液器、0.22 μm 微孔滤膜滤器、眼科剪、眼科镊、平头镊子、玻璃平皿、不锈钢滤网、锥形瓶(带塞)、离心管(15 mL)、血球计数板、细胞培养皿(100 mm)、硅化细胞培养皿(35 mm)、1 mL 注射器、4 号针头、移卵微吸管。所有实验用具,除移液器及一次性使用无菌培养皿外均需高压灭菌处理。

2. 试剂

(1) 孕马血清促性腺激素(PMSG)、人绒毛膜促性腺激素(hCG):1 000 IU 的 PMSG 和 hCG 分别用 20 mL 生理盐水溶解,过滤除菌后分装,－20℃保存。

(2) PBS 液:NaCl 8 g、KCl 0.2 g、Na_2HPO_4 1.146 g、KH_2PO_4 0.2 g,溶于一定体积的三蒸水中,1 mol/L NaOH 调 pH 至 7.2,三蒸水定容至 1 000 mL。

(3) 胰蛋白酶－EDTA 溶液:0.05%胰蛋白酶,0.02%EDTA,用 PBS 配制,过滤除菌。

(4) DMEM 培养液:DMEM 高糖培养基,其中葡萄糖含量为 4.5 g/L,添加 10%胎牛血清,青霉素、链霉素各 100 IU/mL。

(5) 丝裂霉素 C 溶液(10 μg/mL):称取 2 mg 丝裂霉素 C 溶于 10 mL PBS 中,过滤除菌,每管 0.5 mL 分装后－20℃保存。用前每 0.5 mL 丝裂霉素 C 母液中加入 9.5 mL DMEM 培养液,使丝裂霉素 C 终浓度为 10 μg/mL,避光 4℃保存,2 周内使用。

(6) 0.1%明胶溶液:明胶 0.1 g,超纯水(Milli Q)100 mL,加热溶解,高压灭菌后 4℃保存。

(7) 冲卵液:PBS 液中加入 10%胎牛血清,青霉素、链霉素各 100 IU/mL。

(8) ES 细胞培养液:高糖 DMEM 培养基,其中含 20%胎牛血清,1%非必需氨基酸,0.1 mmol/L 巯基乙醇、2 mmol/L 谷氨酰胺、50 IU/mL 青霉素、50 IU/mL 链霉素。

(9) 4%多聚甲醛(PFA)固定液:4 g PFA 加入 100 mL PBS 中,加热至 95℃使其充分溶解,然后冷却至室温。1 周内使用。

(10) Tris－马来酸(TM)缓冲液:11.6 g 马来酸,0.36 g Tris 溶解于三蒸水中,用 1 mol/L NaOH 调 pH 为 9.0,三蒸水定容至 100 mL。

(11) 孵育液:萘酚 AS－MX 磷酸盐 10 mg、坚牢红 TR 盐 25 mg,加入 25 mLTM 缓冲液,混合均匀,15～20 min 后加入 200 μL10%$MgCl_2$溶液。用前新鲜配制。

3. 实验材料:性成熟昆明小鼠,雌鼠 25～30 g,雄鼠 35～40 g。

【方法与步骤】

1. 鼠胚成纤维细胞(MEF)分离培养

(1) 超数排卵与合笼

1) 性成熟昆明雌性小鼠1～2只,腹腔注射PMSG10IU,48 h后,腹腔注射hCG10 IU。hCG注射完后立即与雄鼠合笼饲养,让其自然交配。雌雄比例为1∶2。

2) 合笼后12 h之内检查雌鼠阴道,如有阴道栓形成者即已受孕。阴道栓是雌雄小鼠交配后,精液与阴道分泌物及阴道上皮等凝结而成,位于阴道口附近,一般交配后数分钟即出现,最初阴道栓湿润而软,随后逐渐变硬转为黄色,10多个小时后缩入阴道液化消失。出现阴道栓即可认为是妊娠第一天,即胚龄第一天。

(2) MEF细胞分离培养

1) 断颈处死怀孕13～14 d孕鼠,无菌条件下分离子宫系膜,剪断子宫角,用平头镊子提起整个子宫,置于盛有PBS的玻璃平皿中,用眼科剪沿子宫纵轴剪开,摘取十枚胚胎,去除胎膜、胎盘等胚外组织。

2) 将裸露的胚胎置于另一个盛有PBS的平皿中,剪去头部、四肢和内脏,剩余躯干部分用PBS充分清洗。

3) 用眼科剪将胚胎躯干充分剪碎,移入带塞的锥形瓶中,加入5 mL胰蛋白酶-EDTA液,37℃孵育30 min。

4) 用不锈钢滤网过滤细胞悬浮液于15 mL离心管中,滤除组织碎片,加入5 mL DMEM培养液,混匀,1 000 r/min离心5 min,弃上清液。

5) 加入5 mL DMEM培养液,轻轻吹吸,重新悬起细胞。吸取少量细胞悬液,用血球计数板进行细胞计数,用DMEM培养液调整细胞浓度为2×10^5个/mL,每100 mm培养皿中加入细胞悬液10 mL,培养于37℃、5%CO_2、饱和湿度的培养箱中。24 h后更换新鲜培养液。

6) 原代培养2～4 d后,细胞长满,按照1∶2或1∶3的比例进行细胞传代。约3 d后细胞长满,可以收集一部分细胞冻存于液氮中,其他细胞继续传代培养。

用上述方法获得的原代胚胎鼠成纤维细胞不纯,主要成分是成纤维样细胞,但还有神经细胞、心肌细胞以及一些类型不清楚的细胞,经传代后,其他细胞类型减少,随着传代次数增加,基本成为单一的MEF细胞,但是细胞增殖力降低,3～5代后细胞基本停止增殖,因此,经3～5代培养后即可收集细胞进行饲养层细胞制备。

2. 饲养层细胞制备

1) 第3～5代的MEF细胞长至80%～90%汇合时,吸去培养液,加入配制好的丝裂霉素C溶液(100 mm培养皿加入6 mL),37%培养箱中孵育2～3 h。

2) 当丝裂霉素C处理细胞时,制作明胶包被的培养皿。取细胞培养皿,用0.1%明胶溶液覆盖培养皿底部,室温保湿放置30 min,然后将培养皿晾干,待用。

3) 丝裂霉素C处理完成后,弃去细胞培养皿中的丝裂霉素C溶液,加入10 mL PBS清洗3次,彻底去除丝裂霉素C溶液。然后加入6 mL胰蛋白酶-EDTA溶液,室温孵育5 min。

4) 加入等体积DMEM培养液(含10%胎牛血清)终止消化。收集细胞于离心管中,1 000 r/min离心5 min,弃上清液。

5) 用 DMEM 培养液将细胞重新悬起,计数,调整细胞浓度为 1×10^6 个/mL。

6) 将细胞接种到明胶包被的培养皿中,100 mm 培养皿接种 10 mL 细胞悬液。然后置 CO_2 培养箱中继续培养,4～6 h 后,细胞贴壁汇合,即可用于 ES 细胞培养。制备好的饲养层细胞可在一周内使用,使用前更换成 ES 细胞培养液。

3. ES 细胞的分离、培养和鉴定

(1) 小鼠囊胚内细胞团的分离和培养

1) 按照前述方法超数排卵并将雌雄小鼠合笼,检查阴栓,见栓后 4 d,处死雌鼠,剖开腹腔取出子宫,置于无菌玻璃培养皿中,1 mL 注射器吸取冲卵液,由子宫角一端将针头插入,冲出子宫中的囊胚。

2) 在体视显微镜下,用移卵微吸管收集胚胎。冲卵液清洗 3 次后,将胚胎移入已准备好的饲养层上,换成 ES 细胞培养液,CO_2 培养箱中继续培养,每天观察胚胎生长状况。

3) 培养 1 d 后,胚泡中的囊胚腔充分扩张,从透膜带中孵化出来,1～2 d 后,胚胎贴壁,胚泡外的滋养层细胞附着于培养皿表面生长,中央的内细胞团突出明显,向上隆起生长。继续培养 2～3 d 后,内细胞团继续增大。

4) 培养 4～6 d,内细胞团直径达到 100～400 μm 时,可用于分离 ES 细胞。取 35 mm 硅化培养皿,在培养皿中用胰蛋白酶- EDTA 消化液和 ES 细胞培养液做成多个 30 μL 的消化液和培养液微滴,覆盖液体石蜡没过微滴。

5) 用 4 号针头把增殖明显的内细胞团从饲养层中挑取下来,用移卵微吸管将内细胞团移至消化液微滴内,处理大约 30 s 后,加入 0. 3 mL ES 细胞培养液终止消化。

6) 将内细胞团移入培养液微滴中,用口径比内细胞团直径小的微吸管吹打细胞团,使细胞团分散,或者用 4 号针头将内细胞团分割成 4～8 个细胞团块。将分散的细胞团吸至新的饲养层上,加入 ES 培养液,在二氧化碳培养箱中培养。

7) 2～3 d 后,可见细胞出现小的集落,3～4 d 集落扩大,6～10 d 即可进行 ES 细胞传代。

(2) ES 细胞鉴定

1) 显微镜观察　培养的 ES 细胞呈集落状分布,集落致密、隆起、边界清晰、折光性强,集落内细胞之间的界限不清晰。单个 ES 细胞小而圆,细胞核大,核仁清楚,胞质少。分化的 ES 细胞集落扁平,边缘不清楚,表面粗糙。

2) 碱性磷酸酶鉴定　取上述培养的 ES 细胞,弃培养液,加入 4%多聚甲醛固定液,室温固定 20 min;弃固定液,用 TM 缓冲液洗涤 3 次,每次 10 min;弃缓冲液,加入孵育液,室温孵育 20 min;弃孵育液,用 PBS 洗涤。最后脱水、透明、中性树胶封片,显微镜下观察。

通过检测细胞表面的碱性磷酸酶活性结合克隆的形态特点来检测 ES 细胞是否分化。未分化的 ES 细胞表面碱性磷酸酶呈强阳性,呈棕红色;饲养层细胞呈淡黄色;分化的细胞克隆碱性磷酸酶检测呈阴性。

【实验报告】

1. 绘图表示所观察到的小鼠胚胎干细胞克隆形态。
2. 总结小鼠胚胎干细胞分离和培养过程,分析小鼠胚胎干细胞的应用。

实验 28　细胞信号转导——cAMP－PKA 信号通路参与酿酒酵母形态转换的研究

【目的要求】

1. 了解细胞信号转导研究的基本技术。

2. 加深理解细胞信号转导在细胞分化中的生物学意义。

【实验原理】

某些真菌如酿酒酵母(*Saccharomyces cerevisiae*)在环境因素的影响下具有改变其形态的能力，通常是在酵母型和菌丝型两种形态间发生互变。以酵母型生长意味着真菌通过芽殖或裂殖分裂形式来产生两个独立的细胞；而对菌丝型来说，分裂时核分开后细胞并没有分开，形成假菌丝型，即子细胞间形成了明显的细胞壁，但是它们仍然连接在一起形成一连串长形细胞；而另一些真菌则分裂后连接处没有形成缢痕，称为丝状体型。研究发现，真菌二型的转换与 cAMP－PKA、MAPK 和 Rim101 等信号转导途径有关，当信号转导途径被阻断时，真菌由酵母型转化为菌丝型。

酵母型

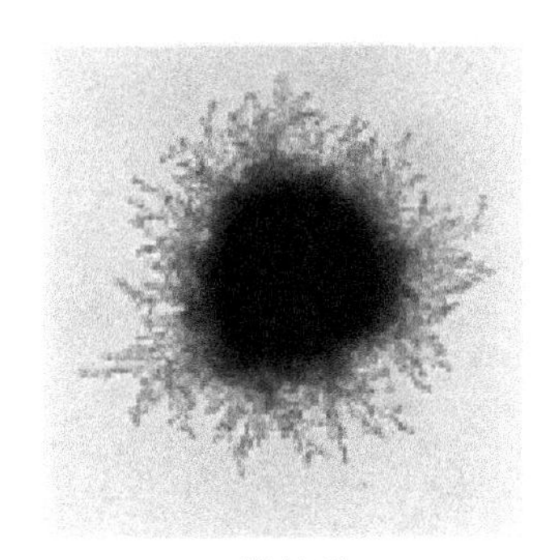

菌丝型

图 28－1　酿酒酵母不同生长菌落形态

【实验用品】

酿酒酵母、标准酵母培养基、氮限制培养基(含 0.17% 不含氨基酸或硫酸铵的酵母氮源、2%葡萄糖、2%琼脂及 50 mmol/L 或 500 mmol/L 氨)、H－89(PKA 抑制剂)。

【方法与步骤】

1. 培养基的配制

1) 标准培养基的配制。

2) 含 50 mmol/L 或 500 mmol/L 氨的氮限制培养基。

3) 含 50 mmol/L 或 500 mmol/L 氨的氮限制培养基(含 20 mmol/L H－89)。

2. 接种：将一定数目的酿酒酵母分别接种于上述培养基中，30℃ 培养 3 d。

3. 观察：取上述生长有酵母的培养皿解剖镜下观察。标准培养基中可见酵母菌克隆，无菌丝体；含 50 mmol/L 氨的氮限制培养基从酵母菌克隆周围可见大量菌丝体长出，说明在低氮条件下酵母生长呈现菌丝型；含 500 mmol/L 氨的氮限制培养基中无菌丝体观察到，说明在氮充足条下酵母菌生长呈现酵母型；但加入 PKA 抑制剂，则呈现菌丝体型生长。表明真菌二型转换过程 cAMP－PKA 信号转导途径有关。

【实验建议】

1. 查阅相关文献资料，全面了解研究背景和研究进展。推荐从 http：//www.elsevier.com/wps/find/homepage.cws_home、http：//www.wanfandata.com.cn、http：//www.sciencedirect.com/、http：//www.ncbi.nlm.nih.gov/等数据库查询 Cellular Signalling 的相关内容。

2. 可以选择不同信号转导途径的不同信号分子的抑制剂开展实验，综合研究细胞信号转导途径对真菌生长形态转化的影响。

【实验报告】

总结论述细胞信号转导对真菌生长形态转化的调控。

第三部分

研究性实验

实验 29　利用染色体畸变与微核试验进行安全毒理评价和环境检测

【研究背景】

当致畸性化学物质作用于细胞周期 G_1 期和 S 期时，可以诱发染色体畸变，作用于 G_2 期时，诱发染色单体畸变。染色体畸变后可出现断裂、数目改变等，在显微镜下可以观察到染色体片段、滞后染色体、微小体等结构。

微核是染色体畸变的另一种表现形式，为有丝分裂后期丧失着丝粒的染色体片断，在间期细胞的细胞质中形成的一个或多个圆形或杏仁状结构。微核游离于主核之外，大小在主核的 1/3 以下。其折光率及细胞化学反应性质和主核一样，也具有合成 DNA 的能力。一般认为微核是由有丝分裂后期丧失着丝粒的染色体断片产生的，但是已有实验证明，整条染色体或几条染色体也能形成微核。这些断片或染色体在有丝分裂过程中行动滞后，在分裂末期未能进入主核，便形成了独立于主核之外的核物质块。当子细胞进入下一次分裂间期时，它们便浓缩形成主核之外的小核，即形成微核。

许多理化因素，如辐射、化学药剂等作用于分裂细胞而产生染色体畸变，形成微核。染色体畸变和微核可以直接利用人的细胞进行检测，是检测诱变物质对人类或其他高等生物的遗传危害的一种比较理想的方法。已经证实，染色体畸变率和微核率同作用因子的剂量呈正相关，可应用于辐射损伤、辐射防护、化学诱变剂、新药试验、食品添加剂、环境检测的安全评价及染色体遗传疾病和癌症前期诊断等各个方面。

【方法提示】

1. 查阅文献资料，确定研究题目和研究目标：推荐查询万方数据资源系统 http://www.wanfangdata.com.cn 等数据库和网站。

2. 研究技术的选择

(1) 动物：可选择人正常细胞系或外周血培养淋巴细胞，也可以用小鼠进行体内试验，待测物质处理动物后，取骨髓细胞进行检测。

1) 染色体畸变试验　参照实验 19 和实验 27 中细胞的分离及染色方法，取材、制片、染色、显微镜观察染色体畸变。取材前，需要经秋水仙素处理。

2) 微核试验　将培养细胞用待测物质处理后，直接做细胞涂片，经染色后显微镜观察。小鼠体内试验，须用待测物质处理动物后，取骨髓细胞进行检测。

骨髓细胞中有核的细胞均出现微核，有的可能出现一个微核以上，仍按一个细胞计数。正常小鼠嗜多染细胞微核率为 5‰以下，超过该值则为异常。

(2) 植物：可用蚕豆或洋葱根尖进行检测。用待测物质配成不同浓度的水溶液，培养蚕豆或洋葱根尖，利用实验 20 提供的方法制作根尖压片。

(3) 用环磷酰胺作为阳性对照

实验 30 生物活性物质对巨噬细胞吞噬及其酶活性的影响

【研究背景】

在高等动物中，单核吞噬细胞系统和噬中性粒细胞专司吞噬功能，在细胞的非特异免疫功能中发挥重要作用。单核吞噬细胞系统包括血液中的单核细胞和组织中固定和游走的巨噬细胞。

单核吞噬细胞具有吞噬和杀伤异物，呈递抗原、分泌介质等多种功能。但静息的巨噬细胞其分泌和杀伤功能均低下，只有活化的巨噬细胞才具有较强的吞噬能力，产生非特异抗感染和抗肿瘤作用。多糖、多肽等多种物质可以激活巨噬细胞，提高相关酶的活性，根据其作用强弱，可以评价其保健及药物开发价值。

【方法提示】

1. 查阅文献资料，确定研究题目和研究目标：推荐查询万方数据资源系统http：//www.wanfangdata.com.cn、中国医学信息网http：//cmbi.bjmu.edu.cn、中国健康网http：//www.healthoo.com、中国中医药信息网http：//www.cintcm.ac.cn、中医药在线http：//www.cintcm.com、中国天然药物网http：//www.cnmedline.com、中医药港http：//www.classic.511511.com、天然药物科技网http：//www.pcx88.com、Pub Med http：//www.ncbi.nlm.nih.gov、Cancer Bacup http：//www.cancerbacup.org.uk 等数据库和网站。

2. 供试物质的选择：微生物、动物、植物的成分及其次生代谢物质、保健品、药物等。

3. 研究技术的选择

1）供试物质的分离纯化技术，参考相关的工具书或参考文献。

2）小鼠巨噬细胞吞噬实验，见实验 14。

3）酶细胞化学技术：酸性磷酸酶的显示，见实验 11－2。

4. 确定技术路线和研究方案：建议选择已被公认的同类的活性物质作为阳性对照。

实验 31 中药对肝脏的保护作用

【研究背景】

在传统中药中有许多补肝保肝的单方与复方，但是，对它们的作用机理研究却明显不够。在正常生理状态下，细胞中的成分和维持正常生理活动的酶的活性相对稳定。但是在细胞受到损害或不同的生理条件下，细胞中的成分就会发生变化。可以利用动物肝损伤模型，采用细胞学实验技术，测定肝细胞的脂肪、糖原、各种酶类等指标的变化，探讨相关中药的作用及其机制。

【方法提示】

1. 查阅文献资料，确定研究题目和研究目标：推荐查询万方数据资源系统http：//www.wanfangdata.com.cn、中国医学信息网http：//cmbi.bjmu.edu.cn、中国健康网http：//www.healthoo.com、中国中医药信息网http：//www.cintcm.ac.cn、中医药在

线http://www.cintcm.com、中国天然药物网http://www.cnmedline.com、中医药港http://www.classic.511511.com、天然药物科技网http://www.pcx88.com、Pub Med http://www.ncbi.nlm.nih.gov、Cancer Bacup http://www.cancerbacup.org.uk 等数据库和网站。

2. 供试中药的选择

1) 临床上已明确疗效,但是其作用机制尚不清楚的中药。

2) 补血、补气功能明确,保肝作用尚待研究和开发的中药。

3. 研究技术的选择

1) 中药的炮制和处理。

2) 动物肝损伤模型的制备。

① 小鼠肝脏酒精损伤模型的制备:选取健康的昆明种小鼠若干只,随机分组,并用不同浓度的乙醇进行灌胃处理,每天1~2次。4周后处死小鼠,取其肝组织进行组织切片,分析其受损情况。选取合适的浓度作为实验浓度,用于建立小鼠肝酒精损伤模型。

② 小鼠肝损伤模型的制备:小鼠腹腔注射0.1%(V/V)四氯化碳花生油溶液10 mL/kg。

3) 动物肝组织脂肪、糖原、各种酶的显示及HE染色方法见实验2和实验8、9、11。

4. 确定技术路线和研究方案:建议选择保肝药物作为阳性对照。

实验32 多糖对淋巴细胞转化的影响

【研究背景】

体外培养的T细胞在有丝分裂原或特异性抗原刺激下可以转化成淋巴母细胞,其转化比率可以反映机体T细胞的细胞免疫功能,已广泛用于免疫缺陷病、白血病、肿瘤等的研究。

淋巴细胞转化试验的基本原理是,T细胞在体外培养时,如受到非特异性抗原(如植物血凝素——PHA或刀豆蛋白A)或特异性抗原的刺激,可转化为淋巴母细胞,并进行有丝分裂。转化的淋巴母细胞呈现不成熟的母细胞形态,以及蛋白质和核酸合成的增加。淋巴母细胞转化率的高低或核酸合成增加的程度反映了T细胞对刺激物的应答水平。淋巴细胞转化试验可用形态学检查法、MTT比色法和^{3}H标记胸腺嘧啶核苷渗入法进行。

淋巴细胞转化试验是检验功能性食品和药物的细胞免疫功效的法定指标,在保健品和药物的研制与开发中有着重要价值。近年来,多糖的保健作用日益受到人们的重视,研制和开发多糖类保健品和药品,成为食品和医药研究的热点领域。

【方法提示】

1. 查阅文献资料,确定研究题目和研究目标:推荐查询万方数据资源系统http://www.wanfangdata.com.cn、中国医学信息网http://cmbi.bjmu.edu.cn、中国健康网http://www.healthoo.com、中国中医药信息网http://www.cintcm.ac.cn、中医药在线http://www.cintcm.com、中国天然药物网http://www.cnmedline.com、中医药港http://www.classic.511511.com、天然药物科技网http://www.pcx88.com、Pub Med

http：//www.ncbi.nlm.nih.gov、Cancer Bacup http：//www.cancerbacup.org.uk 等数据库和网站。

2. 供试多糖的选择：各种真菌多糖、植物多糖和动物多糖。

3. 研究技术的选择

(1) 多糖的提取与纯化

1) 取材　粉碎或匀浆。

2) 热水抽提　加 20 倍体积的蒸馏水，100℃浸提 4 h，2 000 r/min 离心15 min，收集上清；沉淀再加 10 倍体积的蒸馏水，100℃浸提 2 h，2 000 r/min 离心 15 min，收集上清，合并两次上清，旋转蒸发仪 55℃减压浓缩至原体积的70%～80%。

3) 乙醇沉淀　浓缩液 3 000 r/min 离心 15 min，收集上清液，加 3 倍体积 95%乙醇，充分混匀，静置过夜。3 000 r/min 离心 15 min，收集沉淀，得粗多糖。

4) 去蛋白　沉淀用蒸馏水溶解，磁力搅拌机搅拌，使之充分复溶。Sevage 法去蛋白，按透析液：氯仿：正丁醇＝1：0.2：0.04 的比例混匀，4 000 r/min离心 15 min，反复多次，蛋白核酸分析仪 DU 600 在 190～320 nm 区间测光吸收，直至于 260 nm 和 280 nm 处没有明显光吸收为止。收集上清液，蒸馏水透析 48 h。

5) 脱水干燥　样品溶液加 3 倍量 95%乙醇沉淀，过夜，4 000 r/min 离心15 min。沉淀再加无水乙醇混匀，4 000 r/min 离心 15 min，脱水，重复 3 次，再分别用丙酮、乙醚洗涤 2 次，室温干燥，最后得粉状干品。

(2) 研究可采用体内法或体外法

1) 体内法是首先用待测多糖饲喂小鼠或大鼠，然后取淋巴细胞体外培养，测定淋巴细胞转化率，分析多糖的免疫效果。

2) 体外法是取动物或人的外周血淋巴细胞进行体外培养，然后向培养液中加入不同剂量的多糖，培养一段时间后，测定淋巴细胞转化率，分析多糖的免疫效果。

(3) 淋巴母细胞转化的测定建议选择 MTT 比色法或形态学检查法

1) MTT 比色法见实验 24，淋巴细胞转化指数的计算，如下：

淋巴细胞转化指数＝试验孔吸光度/对照孔吸光度

2) 形态学检查法主要根据淋巴细胞的形态进行统计和计算。

① 转化淋巴细胞的形态特征(表 32－1)。

表 32－1　转化细胞的形态特征

形态特征		转化的淋巴细胞		未转化的淋巴细胞
		淋巴母细胞	过渡型细胞	
胞体		10～20 μm	12～16 μm	6～12 μm
胞核	位置	多偏于一侧	位于中央或稍偏	多位于中央
	染色质	疏松、网状	粗松	致密、团聚
	核仁	清晰，1～3 个	有或无	无
胞浆	量	丰盛、核仁一侧	稍多	较少
	空泡	常见	有或无	无

● 转化的淋巴母细胞体积增大,约大于原成熟淋巴细胞3倍。

● 细胞核的核膜清晰,核内染色质疏松呈网状结构,可见1～3个核仁,有的核呈分裂相。

● 胞浆丰富,呈嗜碱性染色,核周围的胞浆有一染色较浅的透明区,有伪足状突起,胞质内有小空泡出现。

② 用油镜观察200个淋巴细胞,按下列公式计算转化率:

转化率＝(过渡型细胞＋淋巴母细胞)/淋巴细胞总数×100%

正常情况下转化率为60%～80%。

4. 确定技术路线和研究方案:建议选择香菇多糖作为阳性对照。

实验33 诱导肿瘤细胞发生凋亡的有效成分的筛选

【研究背景】

细胞凋亡是广泛存在于动植物体内的细胞主动死亡现象,它在生长、发育和疾病发生中具有重要的生物学意义。肿瘤的发生和发展与细胞凋亡密切相关,不少生物成分可以诱导肿瘤细胞凋亡,从而起到控制肿瘤的作用。因而,细胞凋亡可以作为筛选抗肿瘤药物的一个指标。本实验利用体外培养的人肝癌细胞BEL－7420细胞或人甲幼粒白血病HL－60细胞,在培养基中加入不同的生物提取成分,体外培养一定时间后,检查肿瘤细胞的凋亡情况,对诱导肿瘤细胞凋亡的成分进行初步筛选。

【方法提示】

1. 查阅文献资料,确定研究题目和研究目标:推荐查询中国癌症信息库http://www.bufotanine.com、中华癌症网http://www.cn-cancer.com、万方数据资源系统http://www.wanfangdata.com.cn、中国医学信息网http://cmbi.bjmu.edu.cn、中国健康网http://www.healthoo.com、中国中医药信息网http://www.cintcm.ac.cn、中医药在线http://www.cintcm.com、中国天然药物网http://www.cnmedline.com、中医药港http://www.classic.511511.com、天然药物科技网http://www.pcx88.com、PubMed http://www.ncbi.nlm.nih.gov、Cancer Bacup http://www.cancerbacup.org.uk等数据库和网站。

2. 供试材料的选择:生物碱、皂苷类、黄酮等生物活性物质。

3. 研究技术的选择

(1) 细胞培养技术见实验20:人肝癌细胞株BEL－7420细胞为贴壁生长细胞。采用RPMI 1640培养液,传代时用0.25%胰蛋白酶消化。需取样时,将严格清洗并灭菌的盖玻片放入培养板内,制作飞片。此制片法能使细胞保持生长时的铺展状态,真实地显示培养细胞生长时的形态特征。

HL－60细胞为悬浮生长细胞。所用培养液同上,传代时不需酶消化。取样时,取细胞悬液作涂片。

(2) 细胞凋亡的观察与检测方法见实验26:细胞凋亡的检测方法很多,常见的方法

有形态学观察、DNA琼脂糖凝胶电泳、凋亡细胞原位末端标记、细胞膜磷脂酰丝氨酸荧光显示、流式细胞分析等，在研究中，常选用几种方法，进行比较和综合分析。

4. 确定技术路线和研究方案：建议选择抗癌药物三尖杉酯碱（或其他功能已明确的能引起肿瘤细胞凋亡的药物）为阳性对照。

实验34 抑制肿瘤细胞增殖的有效成分的筛选

【研究背景】

药物治疗是癌症治疗的三大疗法之一。近年来，随着科学技术的迅猛发展及分子肿瘤学、分子生物学技术的进步，新型抗肿瘤药物不断涌现，抗癌药物的研究与开发已进入一个崭新的阶段。针对癌症发生机理，寻找新抗癌药，自然离不开筛选。

对抗癌药物进行筛选的方法很多，大体上可分为体外与体内两类方法。体外法主要是利用体外培养癌细胞，测试药物对癌细胞增殖的影响，从细胞形态、细胞增殖、细胞代谢的改变，测定抗癌有效成分对细胞的杀伤效应。体外方法具有快速、简便，与临床相关性好，重复性好等优点。但上述方法均存在着某些不足，特别是不能确切反映药物在体内对肿瘤的杀伤情况，因此需要进行体内试验进一步测试供试成分的抗癌作用，常用的体内试验有抑瘤试验和裸鼠移植瘤试验。

【方法提示】

1. 查阅文献资料，确定研究题目和研究目标：推荐查询中国癌症信息库http：//www. bufotanine. com、中华癌症网http：//www. cn-cancer. com、万方数据资源系统http：//www. wanfangdata. com. cn、中国医学信息网http：//cmbi. bjmu. edu. cn、中国健康网http：//www. healthoo. com、中国中医药信息网http：//www. cintcm. ac. cn、中医药在线http：//www. cintcm. com、中国天然药物网http：//www. cnmedline. com、中医药港http：//www. classic. 511511. com、天然药物科技网http：//www. pcx88. com、PubMed http：//www. ncbi. nlm. nih. gov、Cancer Bacup http：//www. cancerbacup. org. uk等数据库和网站。

2. 供试物质的选择：动物、植物和微生物本身及其代谢产物中的多糖、多肽、皂苷等成分中含有大量的天然抗癌物质，可以作为供试物。一般按试验最高浓度的100倍配制储备液。根据不同药物，可用生理盐水、75%乙醇或二甲基亚砜（DMSO）溶解。溶剂在培养液中的浓度不宜过大，一般为0.5%～1%。储备液在－70℃下可保存2～3周。体外药物敏感试验所用药物浓度，一般根据已知临床血浆高峰浓度的0.1倍、1.0倍及10倍的剂量进行。实验时，一般设3～5个对数级浓度，药物作用时间可因方法而异，如短期法只需1～3 h，中期法如MTT法需4～6 d，长期法如集落形成试验则需2～3周。

3. 研究技术的选择

1）供试物质的分离纯化技术，参考相关的工具书或参考文献。

2）细胞培养方法见实验20。

肿瘤细胞系，可选择国际通用的人宫颈癌HeLa细胞系等。

根据被测药物性质和要求应选用与之相应的二倍体细胞做对照，培养条件、培养方法、接种细胞数等均应与实验组相一致。如筛选抗人胃癌药，理论上讲应该用人的正常胃上皮细胞，在无相应细胞时，首选人的其他上皮细胞，次之为人的成纤维细胞，再次为动物的胃上皮细胞等。原则上是越近似越好。

3) 体外测试　对培养细胞而言，给药时间可采用接种前和生长中给药两种方法。接种前给药是把生长状态良好的细胞先制备成细胞悬液，在此悬液状态中加一定量待测药物，作用一定时间后，再进行接种培养的方法。生长中加药是先接种细胞，令其贴壁生长至进入对数生长期时加药。加药时间宜在接种细胞后约 48 h，此时细胞已进入指数增生期。生长中加药是常用的测试药物方法。药物与细胞接触时间不应少于 8 h，一般可处理 12～24 h 或更长时间。

实验开始后，每天或按一定间隔取培养细胞进行观察。采用有丝分裂指数、MTT 比色法等方法测定对肿瘤细胞的抑制率，具体方法见实验 27。

4) 体内测试　在进行体内测试时，常用的给药方式有三种：腹腔注射、口服和原位注射。不同的给药方式需要采用不同的剂量。一般来讲，注射所用剂量较少，口服所用剂量较大。

建议采用小鼠 S_{180} 移植瘤抑制试验：从 S_{180} 荷瘤小鼠腹腔中抽取腹水瘤细胞，用生理盐水稀释细胞数为 1×10^6 个/mL，接种于实验小鼠的腹股沟内，约 5～6 d 后，待瘤块长至直径达 0.5 cm 左右，用 2.5% Na_2S 去瘤块部分的毛，按瘤块大小随机分成 5 组。实验组以适当剂量腹腔注射待测药物，阳性对照组为 HPS 16 mg/kg(ip)，阴性对照组为等体积最高浓度的溶剂。10 d 左右处死小鼠，剥取瘤块，称重，计算抑瘤率。

抑瘤率＝(肿瘤对照组平均瘤重－治疗组平均瘤重)/对照组平均瘤重×100%

4. 药物疗效的评价

(1) 体外抑瘤试验：合成化合物或植物提取物纯品的半数抑制浓度 $IC_{50}<10\ \mu g/mL$ 或植物粗提物的 $IC_{50}<20\ \mu g/mL$，并且有细胞毒性的剂量依赖关系，其最高抑制效应达 80%以上，发酵液 IC_{50} 应大于 1∶100，则判定样品在体外对细胞有杀伤作用。

(2) 体内抑瘤试验：实体瘤的疗效以瘤重抑制百分率表示，即抑瘤率＝(肿瘤对照组平均瘤重－治疗组平均瘤重)/对照组平均瘤重×100%。中草药抑制率大于 30%，合成药大于 40%，且有统计学意义，重复 3 次，疗效稳定，则评定有一定抗肿瘤作用。

腹水型肿瘤的疗效可以生命延长率表示，即生命延长率＝(试验组存活天数－对照组存活天数)/对照组存活天数×100%。

实验 35　STZ 诱导Ⅰ型糖尿病小鼠胰腺组织观察

【研究背景】

Ⅰ型糖尿病是一种自身免疫性疾病，在遗传易感基因的基础上，在环境因素作用下，糖尿病患者的免疫系统对自身分泌胰岛素的β细胞进行攻击，造成β细胞的损伤和破坏，导致患者胰腺不能分泌足够量的胰岛素，引起胰岛素的绝对缺乏，从而导致糖尿病的发生。

链脲佐菌素(STZ)是一自 *Streptomyces acromogenes* 中提取的广谱抗生素，由一个带有烷基化亚硝脲根的葡萄糖分子组成。作为强烷化剂，注射高剂量 STZ 可以导致β细胞DNA 和蛋白质的损失，进而影响β细胞分泌胰岛素的功能，导致糖尿病的发生。对易感系小鼠进行多次低剂量注射 STZ 可诱导糖尿病，其症状与人类Ⅰ型糖尿病有许多相似之处，是一种常用的制备Ⅰ型糖尿病动物模型的方法。

【方法提示】

1. 查阅文献资料，确定研究题目和研究目标：推荐查询中国糖尿病网http：//www.zgtnw.com/、万方数据库资源系统 http：//www.wanfandata.com.cn、sciencedirect http：//www.sciencedirect.com/、National Center for Biotechnology Information http：//www.ncbi.nlm.nih.gov/、Diabetes http：//diabetes.diabetesjournals.org/等数据库和网站。

2. 供试材料的选择：小鼠、链尿佐菌素(STZ，sigma)、包埋剂 OCT、中性树胶、HE 染液等。抗小鼠胰岛素单克隆抗体、荧光标记二抗等。

3. 研究技术的选择

(1) STZ 诱导Ⅰ型糖尿病模型小鼠

1) STZ 溶液的配制　称取一定量的 STZ 溶于 pH4.5 0.1 mol 的柠檬酸缓冲液，使其终浓度达到 10 mg/mL。

2) STZ 溶液的注射　以 40 mg/kg(体重)腹腔注射 C57BL/6 小鼠 STZ-柠檬酸缓冲液，连续注射 5 d。

3) 动物模型的检测　自注射的第一天起，每 7 天测定一次小鼠的血糖值。测定时小鼠尾静脉取血，以血糖仪测定血糖值，非禁食血糖值在 11.1 mmol/L 以上的定义为糖尿病小鼠，同时以糖尿病试纸做参考。

(2) 取材：第 21 d 选取糖尿病小鼠，引颈处死，解剖小鼠，取出胰腺，立即放入液氮中，充分冷冻后放入−80℃低温保存。

(3) 冰冻切片的制备：取出冻存组织，进行冰冻切片。

(4) 部分切片进行 HE 染色：按实验 2−2 进行 HE 染色。

(5) 另有部分切片进行免疫荧光组织化学染色：参考实验 10−2 方法进行免疫荧光组织化学染色。

4. 观察

普通光学显微镜下对 HE 染色切片的观察，找到胰岛并比较 STZ 糖尿病小鼠与正常小鼠形态区别。参考利用激光扫描共聚焦显微镜观察胰岛中胰岛素分泌量的变化。

附　　录

实验报告例文一

基础性实验

实验题目：小鼠骨髓染色体的快速制备

报告人　　　　专业　　　　班级

实验目的　以小鼠骨髓细胞为实验材料，初步掌握关于染色体的制备方法。

实验原理　间期细胞内的遗传物质以包装松散的染色质的形式存在，当细胞处于分裂期的时候，染色质就会聚缩形成棒状的染色体。在细胞有丝分裂的中期能够观察到典型的染色体形态。骨髓中的细胞具有高度分裂活性，是制备染色体标本的良好的实验材料。在实验开始以前，用适当浓度的秋水仙素处理小鼠，利用秋水仙素可以抑制微管组装的特性，使得处于分裂期的细胞停止于中期，从而最大限度的富集中期分裂相，获得大量的染色体标本。

实验步骤

1. 选择体重 25 g 左右的健康小鼠，于实验前 2～4 h 腹腔注射秋水仙素约1 mL(注射量按 2～4 μg/g 体重来计算)。

2. 小鼠断头处死后，剪开后肢的皮肤和肌肉，取出完整的股骨，将肌肉等组织剔除干净，用生理盐水冲洗。

3. 将股骨置于干净的平皿内，加入适量的低渗液，用剪刀将股骨充分剪碎，并用吸管进行反复吹打，使骨髓中的细胞尽可能多地释放出来。将平皿中的液体用滤网滤至离心管中，加低渗液至 8 mL。于室温或 37℃温箱中低渗 25～30 min。低渗完毕后，加入 1 mL 预冷的 Carnoy 固定液预固定，用吸管轻轻吹打混匀后静置片刻，1 000 r/min 离心 5 min。

4. 弃上清液，保留离心管底部的沉淀物，向其中加入约 8 mL 预冷的 Carnoy 固定液，轻轻混匀，室温固定 30 min，离心后重复固定 1 次。

5. 第二次固定后去上清，视细胞数量多少加入 1 mL 左右的新鲜固定液后混匀。

6. 用吸管吸取少量的细胞悬液，滴在预冷的干净无油的玻片上。注意在滴片的过程中，滴管口与玻片间要保持一定的高度差(50 cm 以上)，每片滴 1～2 滴(不要重叠)，滴片后迅速吹气帮助细胞迅速地分散开，空气晾干。

7. 将 Giemsa 染液滴于材料上，染色 10～15 min，流水冲洗，晾干，镜检。

实验结果　在低倍镜下选取分散好的中期分裂相后，移至视野中央，用高倍镜或油镜观察，小鼠的染色体 $2n = 40$，全部为端着丝粒染色体。

实验分析

通过实验,我认为在小鼠骨髓染色体标本的制备过程中有如下几个关键步骤。

1. 秋水仙素的浓度及处理时间:秋水仙素浓度的大小和处理时间的长短可能影响中期染色体的聚缩程度,因此在实验的过程中需要掌握适当的浓度及处理时间。

2. 低渗的时间:由于细胞本身体积相对较小,不利于染色体的分散,因此在实验的过程中需对其进行低渗处理。如果低渗时间过短,细胞膨胀程度不够,不利于染色体的分散,干扰结果的观察;如果低渗时间过长,则会造成细胞胀破,发生染色体的丢失。

除此以外,掌握好滴片与染色的技术对于得到良好的染色体标本也有十分重要的作用。

实验报告例文二

综合性实验

实验题目:传代细胞培养

报告人　　　　专业　　　　班级

实验目的　了解动物细胞培养的基本操作过程,学习细胞培养的传代方法,观察体外培养细胞在不同时期的形态变化及生长状况。

实验方法及观察

2002 年 11 月 5 日下午开始做细胞传代培养实验。首先将培养瓶置于显微镜下检查,观察到培养瓶中的 HeLa 细胞已长成致密单层,可做传代,其步骤如下。

1. 配制培养液

E-MEM 培养液	90%
胎牛血清	10%
双抗(1 万单位/mL)	加至约为 100 单位/mL
3%谷氨酰胺	1 mL
7.5% $NaHCO_3$	调 pH 至 7.0～7.2

共配制培养液 10.2 mL,其中 E-MEM 培养液 9 mL,胎牛血清 1 mL,双抗0.1 mL,3%谷氨酰按 0.1 mL,混匀后备用。

2. 倒去培养瓶中旧的培养液,然后加入约 1 mL PBS 液,轻摇片刻,将溶液倒出。

3. 消化:向培养瓶中加入 1 mL 消化液,轻摇使其盖满细胞,在倒置显微镜下观察消化情况,约 3 min 时,细胞回缩近球形,细胞间隙增大,立即翻转培养瓶,倒去消化液,加入新配制的培养液 3 mL,轻轻转动培养瓶,终止消化。

4. 用吸管吸取培养瓶中的培养液,反复吹打瓶壁上的细胞层,直到瓶壁细胞全部脱落下来,形成分散的细胞悬液为止。

5. 取一滴细胞悬液进行计数,所得细胞浓度为每毫升 78 万个细胞,依据细胞浓度,补培养液 7 mL,混匀后将其分装到两瓶,注明细胞代号、操作日期及操作人。

6. 培养及观察：将分装好的培养瓶置于培养箱中。

观察记录：

① 培养 1 h 时，细胞呈圆形、折射率高、透明度高。

② 6 h 及 18 h 时，细胞已贴附于瓶壁，立体感强，细胞质内颗粒少，透明度好。

③ 36 h 时，细胞形成一片片的细胞岛，细胞透明、颗粒少、细胞间界限清楚并可隐约看到细胞核。细胞密度为"＋＋"。

④ 48 h 时，细胞密度为"＋＋＋"。

⑤ 第 4 天，细胞密度为"＋＋＋＋"，细胞已铺满单层，细胞致密，透明度好。其中一瓶做传代，另一瓶留作继续观察。

⑥ 第 5 天，细胞呈现少量重叠现象，培养液的颜色为橙黄色。

⑦ 第 6 天，细胞呈现重叠增多，细胞胞浆内颗粒增多、透明度与立体感较差，细胞间的界限模糊，培养液为黄色。

⑧ 第 8 天，细胞胞浆中颗粒进一步增多、透明度更低、立体感更差，细胞间出现空隙，培养液为黄色。

⑨ 第 12 天，细胞从瓶壁上脱落下来，用台盼蓝染色显示，95％的细胞为死细胞。

分析与讨论

由细胞传代实验可见，培养细胞的生长情况不同于体内细胞，首先其形态和功能趋向单一化，其次因为体内细胞生长在动态平衡环境中，而组织培养细胞的生存环境是瓶皿或其他容器，生存空间和营养是有限的，当细胞增殖达到一定密度后，需要传代。

传代过程中消化是关键步骤，首先应注意消化液浓度是否适当，如过高，消化反应快、时间短，若掌握不好，细胞易流失；同时应时刻注意消化的程度，不要消化太过，造成细胞丢失。

从实验中可以观察到，传代细胞由于所处的生长环境与体内的细胞不同，形成了一系列与体内细胞不同的生长变化。培养细胞在一代中一般要经过 5 个阶段。

1. 游离期：细胞经消化分散后的几个小时内，细胞悬浮在培养液中，后来沉于瓶壁，此时的细胞呈圆形、折射率高。

2. 吸附期：悬浮的细胞培养一段时间(约 7～12 h)后便附着于瓶壁上，此时的细胞立体感强，细胞质内颗粒少，透明度好。

3. 繁殖期：培养 36 h 时，细胞形成一片片的细胞岛，细胞透明、颗粒少、细胞间界限清楚并可隐约看到细胞核，细胞密度为"＋＋"，说明细胞已进入生长繁殖期；48 h 时，细胞密度为"＋＋＋"；第四天，细胞密度为"＋＋＋＋"，细胞已铺满单层，细胞致密，透明度好。可见从 18～72 h 为细胞的对数生长期。

4. 维持期：第 5 天至第 7 天，细胞生长与分裂减缓，发生密度抑制，最后细胞停止分裂。此期的细胞胞浆内颗粒逐渐增多、透明度下降、立体感较差，细胞间的界限逐渐模糊。培养液由橙黄色变为黄色。

5. 衰退期：第 8 天至第 12 天时，细胞胞浆中颗粒进一步增多、透明度更低、立体感更差，细胞间出现空隙，最后细胞皱缩，从瓶壁上脱落下来。用台盼蓝染色显示，95％细胞为死细胞，说明大部分细胞已死亡。

实验报告例文三

脂多糖对人卵巢癌细胞株 IL－8 mRNA 表达的影响

王晓勇　唐华荣

山东师范大学　生命科学学院

摘　要： 脂多糖(Lipopolysaccharide，LPS)能够通过上调转移相关因子白介素 8 (Interleukin－8，IL－8)基因的表达促进癌细胞的转移。为探究 LPS 对转移能力不同人卵巢癌细胞 IL－8 mRNA 表达的影响，我们以人低转移卵巢癌细胞株 HO－8910 和人高转移卵巢癌细胞株 HO－8910PM 为实验材料，采用实时定量反转录-聚合酶链式反应技术(qRT－PCR)研究 LPS 刺激后，IL－8 mRNA 表达的变化。实验结果表明：与 HO－8910 相比，在 HO－8910PM 中 LPS 显著上调 IL－8 基因的表达水平($P<0.05$)。我们推测 LPS 刺激 IL－8 基因在转移表型不同的卵巢癌细胞中表达的差异与癌细胞转移能力相关。

关键词： IL－8；脂多糖；卵巢癌；癌症转移

中图分类号： R737.31　　　　**文献标志码：** A

白介素 8(Interleukin－8，IL－8)是趋化因子 CXC 家族中的一员，能够募集白细胞到达炎症部位参与炎症反应[1]。大量证据表明 IL－8 作为肿瘤炎症微环境中一种重要的效应因子，与肿瘤的生长及转移密切相关[2-3]。近来许多研究发现 LPS 能够通过激活肿瘤细胞中的 Toll 样受体(Toll-like receptors，TLRs)信号，上调 IL－8 表达水平从而促进自身生长及转移[4-5]。本研究采用两株具有不同转移能力的人卵巢癌细胞株，首先检测两株癌细胞中是否有 TLR4 表达，以及 IL－8 mRNA 的基础表达水平。然后采用 TLR4 激动剂 LPS 处理两株癌细胞，分析 LPS 刺激对 IL－8 基因表达的影响，初步探讨 LPS 对转移表型不同肿瘤细胞中 IL－8 基因表达的作用机制。

1　材料与方法

1.1　细胞培养及药物处理

人低转移卵巢癌细胞株 HO－8910 与人高转移卵巢癌细胞株 HO－8910PM，购自上海细胞生物学研究所。取对数期生长的两种细胞接种于培养皿，加入含 10%(体积百分比)新生牛血清的 RPMI－1640 培养液(GIBCO)，37℃，5%(体积百分比)CO_2环境下，培养至细胞长满培养皿底面 70%左右时，加入 LPS(SIGMA)浓度为 100 ng/mL 的无血清培养液进行处理，同时以只加入无血清培养液组作为对照。

1.2　细胞总 RNA 抽提与 cDNA 模板制备

使用 RNAiso Plus(TaKaRa)抽提液，按照其说明书提取细胞总 RNA，通过琼脂糖凝胶电泳、核酸定量仪分别进行定性与定量。取 1 μg 总 RNA 反转录合成 cDNA。

1.3 荧光实时定量 PCR

根据在 GenBank 中录入的人 TLR4 mRNA 序列(NM_138554)与 IL－8 mRNA 序列(NM_000584),设计引物。TLR4 上游引物：5′－GGTCAGACGGTGATAGCGAG－3′,下游引物：5′－GGTCCAGGTTCT TGGTTGAG－3′,扩增片段 255 bp;IL－8 上游引物：5′－TTGGCAGCCTTCCTGATT T－3′,下游引物：5′－AAAACTTCTCCACAACCCTCTG－3′,扩增片段 250 bp;β－actin 上游引物：5′－CCTGTACGCCAACACAGT GC－3′,下游引物：5′－ATACTCCTGCTTGCT GATCC－3′,扩增片段 211 bp。

以细胞 cDNA 为模板进行荧光 PCR 扩增。以 β－actin 作为内参,将目的基因荧光值除以内参基因荧光值,获得校正后的目的基因相对表达量。

1.4 统计学处理

采用 spss 13.0 软件进行统计学分析,所有数据均以 mean±s.d 表示,进行成对 t 检验,$P<0.05$ 时有显著性差异。

2 结果

2.1 TLR4、IL－8 mRNA 在两种卵巢癌细胞中的表达

荧光实时定量 PCR 检测两种转移能力不同的卵巢癌细胞中 TLR4 与 IL－8 表达水平的结果(表 1)表明：两种卵巢癌细胞均表达 TLR4 和 IL－8 mRNA。TLR4 mRNA 在两种癌细胞中均较高水平表达,但两者表达水平并无显著差异。低转移卵巢癌细胞 HO－8910 中 IL－8 mRNA 水平明显高于高转移卵巢癌细胞 HO－8910PM(P<0.05,图 1)。

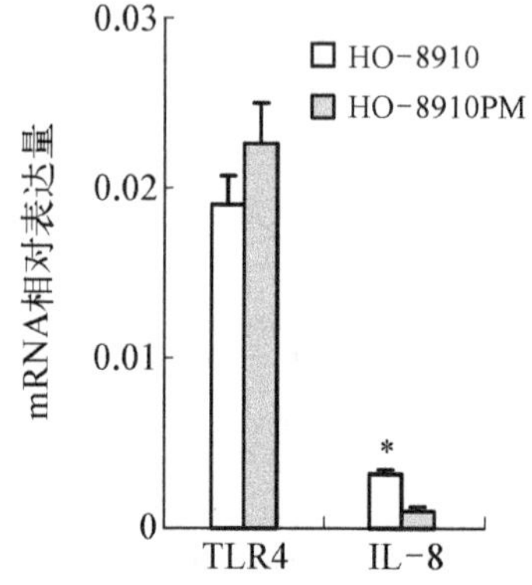

图 1 两种卵巢癌细胞中 LTR4 和 IL－8 mRNA 的表达水平

表 1 tlr4、IL－8 mRNA 相对表达水平

目 的 基 因	HO－8910	HO－8910PM
tlr4	$(1.90\pm0.19)\times10^{-3}$	$(2.25\pm0.25)\times10^{-3}$
Il－8	$(3.13\pm0.33)\times10^{-4}$	$(1.05\pm0.11)\times10^{-4}$

2.2 LPS 刺激对癌细胞 IL－8 基因表达的影响

确定两种卵巢癌细胞株中均表达 TLR4 后,我们选用 TLR4 信号激动剂 LPS 处理两种癌细胞,通过荧光实时定量 PCR 检测 LPS 刺激细胞不同时间后 IL－8 基因表达水平的变化,见表 2。

表 2 LPS 刺激不同时间,IL－8 mRNA 的表达水平

LPS 刺激时间/h	*Il－8*	
	HO－8910	HO－8910PM
2	$(1.03\pm0.14)\times10^{-3}$	$(2.76\pm0.48)\times10^{-3}$
4	$(1.70\pm0.18)\times10^{-3}$	$(2.95\pm0.30)\times10^{-3}$
6	$(5.99\pm2.35)\times10^{-4}$	$(7.78\pm4.08)\times10^{-4}$

根据表中结果，LPS 刺激能够明显上调两种卵巢癌细胞中 IL－8 基因的表达。在 LPS 刺激细胞 2～6 h 过程中，HO－8910PM IL－8 基因表达水平均高于 HO－8910 IL－8 基因表达水平。特别是在刺激细胞 2 h 后，两者 IL－8 基因表达水平差异极显著（P＜0.01）；刺激细胞 4 h 后，高转移细胞株 IL－8 mRNA 表达水平亦显著高于低转移细胞株 IL－8 mRNA 表达水平（P＜0.05），见图 2。

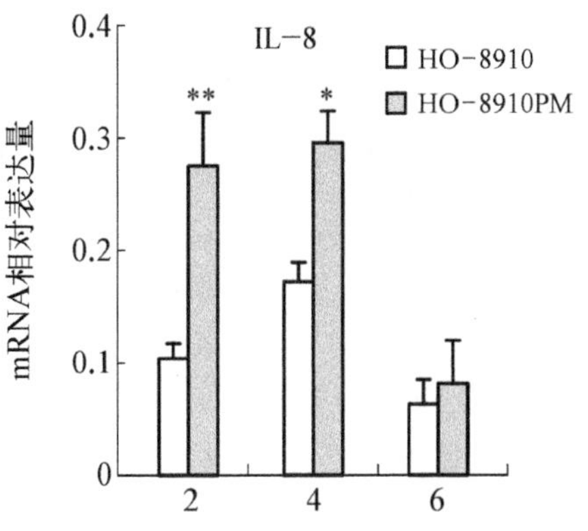

图 2　LPS 刺激上调 IL－8 基因表达

3　讨论

脂多糖 LPS 是革兰氏阴性菌的组成成分，在人类体内广泛存在。大量研究证实 LPS 通过诱导肿瘤细胞产生大量炎性细胞因子，形成利于肿瘤细胞生长及转移的肿瘤炎症微环境[6]。但也有研究发现，来源不同的多糖亦具有抗肿瘤活力[7]。IL－8 作为肿瘤炎症微环境中的一种多功能细胞因子，在肿瘤发生及转移过程中具有促进血管生成、加速增殖、抵抗凋亡、促使肿瘤细胞迁移及募集免疫细胞浸润等功能，其水平对卵巢癌、肺癌、乳腺癌等多种人类癌症的预诊有着重要意义[8]。

本研究中首先确定两株卵巢癌细胞系中是否有 TLR4 表达以及 IL－8 的基础表达水平，然后进一步采用 TLR4 激活剂 LPS 处理两株卵巢癌细胞，研究 LPS 对转移表型不同的两株癌细胞 IL－8 表达的影响。我们发现在 HO－8910、HO－8910PM 中 TLR4 高水平地稳定表达，这暗示 TLR 4 可能发挥着重要的功能；IL－8 表达水平较低，且低转移卵巢癌细胞株 HO－8910 中 IL－8 mRNA 表达水平明显高于高转移卵巢癌细胞株 HO－8910PM，这与以前的报道结果一致[9]。但是大量研究发现恶性肿瘤细胞中 IL－8 水平高于良性肿瘤细胞[10]，这与我们获得的结果似乎是矛盾的。但进一步用 LPS 处理细胞后发现：HO－8910PM 在刺激 2 h 后，IL－8 基因表达迅速上调约 24 倍，超过 HO－8910 达到很高水平；此时 HO－8910 的 IL－8 水平也上调约 3 倍。

我们推测肿瘤细胞分泌 IL－8 水平较低时，IL－8 主要作为生长因子，促进自身生长、抗凋亡及生血管作用[8]。在这种状态下，低水平的 IL－8 即可满足 HO－8910PM 生长需求，而 HO－8910 需要表达相当水平的 IL－8 才能维持生长需要。这种特性使 HO－8910PM 在不利的环境条件下，较 HO－8910 能更好存活；高水平 IL－8 则可通过旁分泌甚至内分泌作用，募集免疫细胞浸润，促进肿瘤细胞生长及转移，这时癌症细胞进入转移阶段[8,11]。采用 LPS 处理后，HO－8910PM 比 HO－8910 更敏感，产生大量 IL－8，作用周围非转化细胞为生长及转移创造条件。IL－8 水平对早期良性肿瘤的检测具有一定局限性，当循环水平中 IL－8 达到一定水平时，说明良性肿瘤可能转恶，进入转移期。

LPS 刺激对不同转移表型肿瘤细胞 IL－8 表达的调控差异有助于我们对恶性肿瘤细胞转移机制的了解；同时 IL－8 的表达水平可作为诊断肿瘤恶性程度的依据。

4　参考文献

[1]　MANTOVANI A，BONECCHI R and LOCATI M. Tuning inflammation and immunity by

chemokine sequestration: decoys and more [J]. Nat Rev Immunol, 2006, 6(12): 907 - 918.

[2] FREUND A, CHAUVEAU C, LAZENNEC G, et al. IL - 8 expression and its possible relationship with estrogen-receptor-negative status of breast cancer cells [J]. Oncogene, 2003, 22 (2): 256 - 265.

[3] ZHU YM, WEBSTER SJ, FLOWER D and WOLL PJ. Interleukin - 8/CXCL8 is a growth factor for human lung cancer [J]. Br J Cancer, 2004, 91(11): 1970 - 1976.

[4] CHEN R, ALVERO AB, MOR G et al. Cancers take their Toll-the function and regulation of Toll-like receptors in cancer cells [J]. Oncogene, 2008, 27(2): 225 - 233.

[5] YUSUKE S, YASUFUNI G, NORIHIKO N and HOON DS. Cancer cells expressing Toll-like receprors and tumor mincroenvironment [J]. Cancer Microenvironment, 2009, 2(Suppl): S205 - S214.

[6] NAHOUM RS and MEDZHITOV R. Toll-like receptors and cancer [J]. Nat Rev Cancer, 2009, 9(1): 57 - 63.

[7] 陈露,安利国.虫草多糖的免疫调节作用及抗肿瘤活性的研究[J].山东师范大学学报(自然科学版),2009,24(4):109 - 112.

[8] YUAN A, CHEN JJ, YAO PL, YANG PC. The role of interleukin - 8 in cancer cells and microenvironment [J]. Front Biosci, 2005, 1(10): 853 - 865.

[9] 王越,杨洁,姚智,等.卵巢癌细胞 IL - 6、IL - 8 及其受体的表达研究[J].免疫学杂志,2006,22(5):475 - 469.

[10] WAUGH JJ and WILSON C. The interleukin - 8 pathway in cancer [J]. Clin Cancer Res, 2008, 14(21): 6735 - 6741.

[11] BENOY IH, SLAGDO R, DIRIX LY, et al. Incresead serum interleukin - 8 in patients with early and metastatic breast cancer correlates with early dissemination and survival. Clin Cancer Res, 2004, 10(21), 7157 - 7162.

LPS induces the expression of IL - 8 mRNA in human ovarian cancer cell lines

Wang Xiaoyong, Tang Huarong

College of Life Science, Shandong Normal University,

Abstract: Up-regulation of metastatic-related gene of IL - 8 induced by LPS contributes to metastatic progression in various types of cancer. To investigate the relationship between LPS and production of IL - 8 mRNA in ovarian caner cells, the alterative expression of IL - 8 induced by LPS was examined by quantitative reverse transcription-polymerase chain reaction (qRT - PCR) in highly and lowly metastatic human ovarian cancer cell lines HO - 8910PM and HO - 8910. We found that LPS significantly promoted production of IL - 8 mRNA in HO - 8910PM cell line in contrast to HO - 8910 cell line ($P<0.05$). The results indicate that modification of IL - 8 mRNA level by LPS may has a relevance to metastatic ablilities of ovarian cancer cells.

Keywords: IL - 8; LPS; Ovarian cancer; Cancer metastasis

参 考 文 献

蔡绍京. 2002. 细胞生物学与医学遗传学实验指南. 上海：第二军医大学出版社.

程宝鸾. 2003. 动物细胞培养技术. 广州：华南理工大学出版社.

丁明孝等. 2009. 细胞生物学实验指南. 北京：高等教育出版社.

鄂征. 1998. 组织培养技术. 北京：人民卫生出版社.

兰州大学. 1986. 细胞生物学实验. 北京：高等教育出版社.

李素文. 2001. 细胞生物学实验指导. 北京：高等教育出版社-施普林格出版社.

林加涵，魏文铃，彭宣宪. 2000. 现代生物学实验(上册). 北京：高等教育出版社-施普林格出版社.

芮菊生，杜懋琴，陈海明等. 1980. 组织切片技术. 北京：人民教育出版社.

汪德耀. 1981. 细胞生物学实验指导. 北京：高等教育出版社.

王金发等. 2004. 细胞生物学实验教程. 北京：科学出版社.

王金发等. 2008. 遗传学实验教程. 北京：高等教育出版社.

王宗仁，贾凤兰，吴鹤龄. 1990. 动物遗传学实验方法. 北京：北京大学出版社.

辛华. 2009. 现代细胞生物学技术. 北京：科学出版社.

辛华等. 2001. 细胞生物学实验. 北京：科学出版社.

徐承水. 1995. 现代细胞生物学技术. 青岛：中国海洋大学出版社.

杨汉民. 1997. 细胞生物学实验. 北京：高等教育出版社.

印莉萍等. 2009. 细胞分子生物学技术教程(第三版). 北京：科学出版社.

张振宇等. 1993. 细胞生物学实验. 青岛：中国海洋大学出版社.

章静波等译. 2007. 精编细胞生物学实验指南. 北京：科学出版社.

郑国锠，谷祝平. 1993. 生物显微技术(第二版). 北京：高等教育出版社.

王晓勇，唐华荣，安利国等. 2010. 脂多糖对人卵巢癌细胞株 IL－8 mRNA 表达的影响. 山东师范大学学报(自然科学版). 12(1). 144－146.